宝宝辅食制作添加

一看就懂

中国优生科学协会学术部◎主编

吉林科学技术出版社

图书在版编目（CIP）数据

宝宝辅食制作添加一看就懂 / 中国优生科学协会学术部主编. -- 长春 ：吉林科学技术出版社，2019.11
ISBN 978-7-5578-3577-4

Ⅰ．①宝… Ⅱ．①中… Ⅲ．①婴幼儿－食谱
Ⅳ．①TS972.162

中国版本图书馆CIP数据核字(2017)第296054号

宝宝辅食制作添加一看就懂

BAOBAO FUSHI ZHIZUO TIANJIA YI KAN JIU DONG

主 编	中国优生科学协会学术部
出 版 人	李 梁
责任编辑	孟 波 端金香 宿迪超
封面设计	长春创意广告图文制作有限责任公司
制 版	长春创意广告图文制作有限责任公司
幅面尺寸	167 mm×235 mm
字 数	260千字
印 张	13
印 数	1-7 000册
版 次	2019年11月第1版
印 次	2019年11月第1次印刷

出 版 吉林科学技术出版社
发 行 吉林科学技术出版社
地 址 长春市净月开发区福祉大路5788号出版集团A座
邮 编 130118
发行部电话/传真 0431-81629529 81629530 81629531
　　　　　　　　　 81629532 81629533 81629534
储运部电话 0431-86059116
编辑部电话 0431-81629517
印 刷 长春百花彩印有限公司

书 号 ISBN 978-7-5578-3577-4
定 价 45.00元
如有印装质量问题 可寄出版社调换
版权所有 翻印必究 举报电话：0431-81629508

这是一本帮助宝宝收获健康、教会新手父母科学喂养方法的养育教科书。宝宝的生长发育离不开科学的喂养方法，尤其是在添加辅食时，各种食材的添加时间、处理方法等，对新手父母来说都是一件难事。本书正是为了解决这一难题而编写的。

做父母是一件幸福的事情，养育好宝宝则是父母不可推卸的责任。这本书从科学、实用的角度出发，介绍了关于宝宝辅食的营养知识、安全知识和辅食制作的技巧方法，以及健康配餐食谱。除了系统的论述，本书还为新手父母提供了200多道美味的辅食食谱和详细的营养计划。经验来自实践，相信阅读本书后，每位新手父母都能为宝宝准备出一道道美味、营养的佳肴。

PART 1
一个良好的开端

PART 2
基础课

PART 3
辅食添加初期(5~6个月)

PART 4
辅食添加中期(7～9个月)

PART 5
辅食添加后期(10～12个月)

PART 6
辅食添加结束期(13～15个月)

PART 7
一日三餐正常饮食期(16~36个月)

PART 8
宝宝的健康餐

PART 1

一个良好的开端

第一节 添加辅食的意义

到一定阶段就需要给宝宝添加辅食了，其意义不仅在于满足宝宝日益增长的营养需求，还可以促进宝宝的味觉发育，锻炼宝宝的咀嚼能力。

◎ 满足营养需求

添加辅食最重要的原因，就是母乳已经不能满足宝宝生长发育所需的营养。母乳虽然是婴儿最需要的食物，但这不代表它是完美的。

作为一种为下一代初生阶段准备的食物，母乳在宝宝漫长的人生中只能陪伴很短的一段路程。随着宝宝越长越大，所需要的营养也越来越多，而母乳的营养成分相对稳定，渐渐不能满足宝宝的需求了。这个道理很好理解，就像水杯和水。杯子越来越大，水却没有变化，填不满的部分就需要辅食来帮忙。

而其中最重要的是铁，母乳中铁含量本来就不高，且不易受到妈妈饮食影响。宝宝体内储存的铁在4~6个月时就会消耗殆尽。此时，如果没有通过辅食合理补充铁，宝宝就容易患上缺铁性贫血，严重的甚至影响智力发育。

对于母乳喂养的宝宝来说，尤其要注意尽早添加富含铁的食材，如含铁米粉、猪肉、牛肉、猪肝、鸡肝、鸡血、鸭血等。如果宝宝"开荤"晚，辅食吃得少，建议带宝宝去检查是否存在贫血的情况。

促进味觉发育

六个月左右，也是宝宝味觉发育的敏感期。不同的天然食物都有不同的滋味，可以让宝宝接触不同的味道，从而对食物产生好感。这就好像是谈恋爱，需要多接触、多磨合，才能日久生情。如果接触的食材种类太少，宝宝仅仅熟悉几种食材的味道，等宝宝大一些，尤其是一岁左右，对新食材的接受度会显著下降，此时就很容易出现挑食的现象。

这就是为什么强调一定要使宝宝的食材多样化，每餐在分量合理的前提下多接触几种味道，就能增加宝宝对它们的熟悉程度，把它们当成朋友，而不是敌人。如果此时一味强调给宝宝吃母乳，忽略了新食材的添加，或者刻意给宝宝少吃辅食，之后就容易产生一系列的进食问题。

掌握进食技能

从进食乳类到进食固体食物，需要宝宝学习全新的进食技巧。其中涉及肌肉、牙齿、舌头的协调作用。

每一个新技能的习得，都伴随着反复的练习，甚至是反复的失败。宝宝在重复中获得宝贵的经验，这使他们能顺利进入下一个更高级的阶段。有句话叫作"没学会走，就想学跑"，有很多妈妈想不通：为什么一样大的宝宝，别的宝宝可以啃鸡翅肉了，自己家宝宝吃一点点粗的就会卡住吐出来呢？这就要问问自己，是否在合适的时机，给宝宝进行了合适的锻炼。许多宝宝出现喂食困难，都和辅食前期没有进行合理的锻炼有关。

喂养是一门系统的技能，并不是跟着感觉走的。所以还抱有"母乳够，辅食就不重要"的想法的妈妈，一定要尽早地系统学习一下相关知识。

第二节 准备工具

宝宝的辅食与成人食物不同，有特殊的要求，不同阶段也有不同的制作方法。所以妈妈们不妨提前准备一些顺手的工具。

● 容器 ●

在添加辅食初期，选择的容器应挑无污染、可消毒的材质，大小以容易让食物散热为宜。因为这个时期基本都是妈妈拿着容器喂宝宝食用，所以并不是一定得挑轻巧、不易碎的容器。但是如果自己的宝宝在实际喂食过程中开始对容器感兴趣，总是试图自己去抓的时候，则应该选择轻而不易碎的容器，如果容器有抗菌功能更好。等到宝宝开始自己吃东西时，应该选用防滑的容器。

● 水杯 ●

适合宝宝用的水杯应是轻且不易碎的、双手把的，宝宝怎么摇晃这样的杯子也不容易打翻漏水，但这样的杯子不适宜拿来让宝宝练习独立喝水。也不宜选用带吸管的水杯用作换乳时的断奶练习用杯，因为吸管不易清洗。所以，这两种杯子一般都是在外出时选择使用，在家里的时候使用一般杯子就可以。

● 匙 ●

喂食宝宝辅食的匙以茶匙大小为宜。匙的头部应浅些，这样喂食起来容易。宝宝也比较喜欢柔软的材质，因为那样不会刺激宝宝的口腔。当宝宝开始自己吃东西的时候，选用轻而且有弧度的勺比较合适。

• 围嘴 •

围嘴长度至少要能遮挡住腹部，因为这样才能接住宝宝掉落下来的食物残渣。同时还要留意围嘴的系脖部分，既要方便固定在身体上，同时也要舒服，不然宝宝会抗拒围嘴。围嘴也得选用容易清洗的材质，以减少不必要的麻烦。

• 桌布 •

挑选质地柔软不伤宝宝皮肤的桌布。将桌布铺放在餐桌上，即使宝宝掉了很多食物也容易清理。

• 粉碎机 •

用粉碎机来处理少量的食材或者不易碾碎的蔬菜。如果粉碎机的中心有菜渣残留，可用刷子刷洗干净。

• 菜刀和菜板 •

辅食应该使用专用的菜刀和菜板。菜板应该选用容易清洁并且做过抗菌处理的，能卷起来存放的塑料菜板也比较受欢迎，因为它不仅占地少、清洁方便，而且便于把切碎的材料移到锅里。

• 礤床儿 •

使用礤床儿就是为了避免蔬菜和水果中的营养成分被破坏和流失。因为在添加辅食初期，使用的材料量都少，使用礤床儿擦成小颗粒比较方便，而且不容易流失水分。残留的食渣也方便用刷子清理。如果有水果汁残留，用刷子刷后放水里冲洗5分钟，再用开水消毒即可。一般一周用开水消毒一次比较妥当。

• 棉布 •

去除食渣和过滤汤汁的时候要用到，还可以在添加辅食的初期用于再次过滤、磨碎或榨汁。棉布在大型超市、药店均有售。把药店里买到的纱布或者婴儿用的纱布手巾叠起来也可以当棉布使用，然后在使用过后洗干净并消毒，最后在阳光下晒干。

●榨汁机●

压榨那些熟透而且水分较多的水果，如橘子、鲜橙等。

●筛网●

相对于粉碎机来说，有些时候筛网更容易过滤和捣碎食物，但使用范围相对小一些，一般用于刚煮熟的热红薯或者土豆等食物。

●削皮刀●

将换乳食材切碎前先用削皮刀削成片状，方便下一步切碎。一般有钢和瓷两种材质的刀片，妈妈可以根据自己的需要选择。

●迷你锅●

在做辅食的时候使用特制的迷你锅会比较方便，因为它具有较长的手柄，非常便于制作那些需要不断搅拌的辅食。

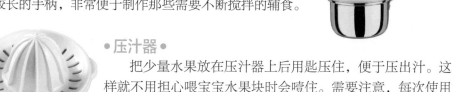

●压汁器●

把少量水果放在压汁器上后用匙压住，便于压出汁。这样就不用担心喂宝宝水果块时会噎住。需要注意，每次使用前后都得消毒。

●研磨器●

对比粉碎机而言，研磨器更容易处理煮熟的红薯、土豆或者南瓜等，将热红薯或者土豆放进去，用研磨器专用杵使劲一压，就可捣碎。

第三节 开始添加辅食的时间

那么，什么时候开始给宝宝添加辅食更合适呢？通常建议足月出生且健康的宝宝满6个月后开始添加辅食，具体视宝宝个人情况而定，不宜过早或过晚。

💡 尝试添加辅食的时间

足月出生且健康的宝宝，通常建议满6个月开始添加辅食。不论是母乳喂养还是配方奶喂养，只要宝宝足量饮奶，都可以从中获得生长发育所需的全部营养及水分。

辅食开始的时间，不能早于4个月，也不应晚于7个月。

💡 过早添加辅食可能会带来的问题

（1）宝宝还不能独坐，甚至不能稳定地靠坐，进食时无法保持上半身和脖颈直立，会给进食带来一定的风险。有些家长让宝宝半躺、平躺喂食，这样宝宝被呛到的可能性更高。

（2）将物品放入宝宝嘴里，他们会本能地将其推出。这种"挤压反射"是出于自我保护的本能，通常从6个月左右逐步消失。过早添加辅食，宝宝不能顺利将食物推送到口腔后方，这种"吃不到"会给双方带来一定的挫败感。

（3）许多宝宝在3～6个月之间会发生不同程度的"厌奶"。一旦尝试了辅食的味道，可能更排斥奶味。而一旦奶量不足，会很快影响到生长。

（4）宝宝的消化系统发育不完善。宝宝消化淀粉的能力在

4～6个月发育较好，消化脂肪的能力在6个月左右发育较好。过早添加辅食，宝宝并不能消化食物中的营养，反而容易导致腹泻等问题。

🕐 过晚添加辅食可能会带来的问题

（1）拒绝食物。在宝宝对新鲜的味道感兴趣的阶段，如果没有及时引入辅食进行味道的刺激，宝宝可能会对奶类以外的食物丧失兴趣，只想着喝奶。

（2）进食落后。在辅食添加最初的一两个月里，应该给予泥糊状的食物锻炼宝宝取食和吞咽的能力。如果延迟太久添加，会使他们的进食技能落后于正常宝宝，处理食物的效率低下，容易发生干呕、不会嚼、吐食物的现象。

总之，宝宝有一辈子的时间领略各种美食的滋味，辅食是一个开端，不用和别人比赛，但也不要掉以轻心。等宝宝真的准备好了，我们就来个漂亮的开始。

小贴士：早产宝宝应该在矫正月龄满6个月时添加辅食

矫正月龄=实际月龄-（40周-出生时孕周）/4

也就是将预产期作为"出生日期"来计算。例如32周早产的宝宝，在实际出生后满8个月时，矫正月龄为满6个月。矫正月龄的使用方法一般用到宝宝满2周岁。早于28周出生的宝宝，此方法应使用到3周岁。

→ 添加时间

宝宝看见食物舔嘴、流口水，很想吃的样子，是不是可以添加辅食？

宝宝在3~4个月就开始对周围的世界充满好奇心。看见大人吃东西，会感到非常有趣，想要知道"你们在干什么"。有的宝宝还会舔舌头、张开嘴巴模仿大人的动作。但这并不是对食物本身的兴趣。事实上，你把任何东西放到自己嘴里"吃"，或者放到他嘴边"吃"，都会看到这样的反应。

3个月后宝宝的唾液淀粉酶开始发育，口水增多是为消化固体食物做好准备；有部分长牙早的宝宝在4个月左右会开始流更多的口水；当宝宝嘴巴张开时更容易使口水流出。这与"馋"并没有太大的关联。

宝宝夜奶增多，是不是可以添加辅食？

在纯奶类喂养宝宝的过程中，有可能出现数个"猛长期"，表现为吃奶量增多、吃奶间隔变短，这可能与宝宝生长发育小高潮的内在规律有关，通常持续时间不超过一周，度过这个阶段后，宝宝的吃奶量又恢复正常。妈妈只需要多进行喂奶即可。

还有的妈妈在宝宝三四个月时产假结束，有的宝宝会通过夜晚频繁吃奶来弥补白天"失去"妈妈的亲密感。妈妈下班回家一定要多与宝宝互动，陪伴他玩耍，增加高效的亲子时间。

还有的宝宝出牙较早，长牙期的不适会令他烦躁不安。白天被有趣的事情分散了注意力，一到晚上就变得睡不踏实、扭动哼唧，令妈妈误以为是宝宝饿了而进行喂奶。

宝宝体重翻倍，是不是可以添加辅食？

宝宝体重翻倍，通常发生在3个月左右。比如宝宝出生时的体重是2.9kg，在3个月不到的时候就达到6kg了。但3个月添加辅食显然太早。

宝宝要打疫苗，可以提早加辅食吗？

满6个月即可添加辅食，遇到特殊情况可以适当提前或延后。如果担心宝宝打疫苗时出现反应，不利于顺利添加辅食，可以将这个时间调整一下。

宝宝刚要添加辅食的时候生病了，可以推后加吗?

添加辅食应该在宝宝身体情况良好时进行，以免与添加新食材可能导致的过敏、不耐受等情况混淆，无法观察宝宝真实的反应。如果要添加辅食时宝宝生病了，应该等宝宝康复后再开始添加。

宝宝厌奶，可以提前添加辅食吗?

许多宝宝会在3~6个月之间出现厌奶期，表现为喝奶量的减少，但宝宝并没有生病，精神状态良好。厌奶很可能与以下原因有关：

1）前一段时间喂得太多了。尤其是家长在用奶瓶喂养宝宝时，往往会按照刻度喂食，宝宝很难有自己调节食量的机会。时间一长，消化系统不堪重负，用厌奶来发出"我要休息一下"的讯号。

2）妈妈重返职场带来的心理落差。妈妈不能陪伴在身边，宝宝的情绪变得低落，可能影响到吃奶的情绪。这就需要妈妈尽量在可以陪伴宝宝的时候多陪伴他。同时，用奶瓶喂奶的喂养人也要多和宝宝接触，陪他玩，在用奶瓶喂奶的时候增加宝宝的信任度，多用温和的语气和笑容来面对宝宝，让他知道吃奶是安全舒服的事情。或者也可以试试拿一件有妈妈味道的衣服盖在宝宝身上，让他在吃奶的时候觉得更安心。

厌奶与宝宝大动作发育、大脑飞跃期、长牙、对周围环境的反应程度有关。它通常是一过性的，持续时间并不长，只要生长曲线平稳就不用太担心。

提早添加辅食，可能会令宝宝更不愿意喝奶。而辅食初期的摄入量是很有限的，这样就容易影响宝宝的生长。任何原因需要提早添加辅食，都应该咨询医生和营养师的意见。

宝宝体检时发现贫血了，要提早加辅食吗?

宝宝在添加辅食初期进食量不大，所以提早加辅食，靠辅食来补充铁的效果并不理想。如果宝宝在添加辅食之前已经确诊有缺铁性贫血，建议遵医嘱补充铁剂。

母乳不足，宝宝生长缓慢，可以提早添加辅食吗？

妈妈首先要保证自己的饮食营养和休息充分，对母乳喂养保持信心。每天喝2升液体（包括白开水、清淡的汤水）和多让宝宝吮吸都可以刺激乳汁分泌。注意，如果妈妈睡眠少，休息差，或者经常情绪不佳，会影响乳汁的顺利流出。

绝大多数的妈妈可以靠自己的乳汁喂饱宝宝。如果通过以上方法追奶无效，宝宝仍然尿量少，生长缓慢，时常表现得饥饿，可以考虑添加配方奶粉进行混合喂养。

也有部分宝宝喝奶情况较差，长时间不愿意喝奶，此时是否需要进行进一步的检查和提前添加辅食，增加营养摄入，应该经过医生或营养师的评估。

PART 2

基础课

第一节 辅食食材的选购方法

若要为宝宝挑选到新鲜、美味又健康的辅食食材，就需要爸爸妈妈掌握一定的选购方法，如蔬菜水果要应季，米面要观其色、闻其味等。

💡 水产、畜肉、蛋

民以食为天，食以安为先。尤其是宝宝的饮食，更要注意选购的方法。

• 虾米 •

虾米是上乘干鲜，选购虾米首先要看是海产还是湖产的。海产的味道鲜美可口，肉质肥嫩厚实；湖产的不论味道、肉质都较逊色。

优质的虾米外观整洁，呈淡黄色且有光泽。肉质紧密坚硬，色泽鲜艳而又发亮的，说明是在晴天时晾制的，大多数是淡的；色暗而不光洁的，是在阴雨天晾制的，一般都是咸的。虾身弯曲者为好，说明是用活虾加工的；直挺挺的、不大弯曲者较差，大多是用死虾加工的。品尝时，咀嚼一下，鲜中带微甜者为上乘，盐味重的则质量较差。

变质的虾米往往表面潮润，虾皮体形不完整，暗淡无光泽；为灰白至灰褐色，肉质或酥松或如石灰状，以手握一把后，黏结不易散开，有霉味。

• 带鱼 •

带鱼以其生产方式不同分为钩带、网带、毛刀3种。

1. 钩带是用钓钩捕捞的带鱼，体形完整，鱼体坚硬不弯，体大鲜肥，是带鱼中质量最好的。

2. 网带是用网具捞捕的带鱼，体形完整，个头大小不均。

3. 毛刀就是小带鱼，体形损伤严重，多破肚，刺多肉少。

不论哪种带鱼，凡新鲜的都是洁白有亮点，有银粉色薄膜。如果颜色发黄，有黏液，或肉色发红，属保存不当，是带鱼表面脂肪氧化的表现，不宜购买。

小贴士

解冻前看起来质量上乘的冰虾，解冻后却发现，虾仁不仅没有正常的口感、味道，还存在掉颜色现象。一些经营者在加工虾仁时，用福尔马林（甲醛）防腐保鲜，再放到工业火碱中浸泡，使其体积膨胀吸水，增加重量，然后用甲醛溶水固色和着色，使虾体色泽鲜艳。

●虾仁●

购买时须注意，新鲜和质量上乘的虾仁应是无色透明、手感饱满、有弹性。看上去个大、色红的则应当心。

●牛肉●

新鲜的黄牛肉呈棕红色或暗红色，剖面有光泽，结缔组织为白色，脂肪为黄色，肌肉间无脂肪杂质。新鲜的水牛肉呈深棕色，纤维较干燥。新鲜的牦牛肉肉质较嫩，微有酸味。

●羊肉●

新鲜的绵羊肉肉质较坚实，颜色红润，纤维组织较细，略有些脂肪夹杂其间，膻味较少。新鲜的山羊肉，肉色比绵羊的略白，皮下脂肪和肌肉间脂肪少，膻味较重。

●猪肉●

一般放血良好，肉呈鲜红色或淡红色。切面有光泽而无血液，肉质嫩软，脂肪呈白色，肉皮平整光滑，呈白色或淡红色。

●鸡蛋●

❶可用日光透视

用左手握成空心圆形，右手将蛋放在圆形末端，对着日光透视。新鲜鸡蛋呈微红色，半透明状态，蛋黄轮廓清晰；如果昏暗不透明或有污斑，说明鸡蛋已变质。

❶可观察蛋壳

蛋壳上附着一层霜状粉末、蛋壳颜色鲜明、气孔明显的是鲜蛋；陈蛋正好与此相反，并有油腻感。

蔬菜、水果

为宝宝选择的蔬菜和水果一定要应季的，食用前要清洗干净。

●莲藕●

莲藕的质量以修整干净，不带叉、不带后把、不带外伤，质脆嫩，不蔫、不烂、不冻者为佳。

●四季豆●

选购四季豆时，应挑选豆荚饱满、肥硕多汁、折断无老筋、色泽嫩绿、表皮光洁无虫痕者。

●柑橘●

选购柑橘时，应挑选果形端正、无畸形、果色鲜红或橙红、果面光洁明亮、果梗新鲜者。

●西瓜●

选购西瓜时，要注意以下几方面。

💡观色听声

瓜皮表面光滑、花纹清晰、底面发黄的，是熟瓜。用手指拍瓜听到"嘭嘭"声

的，是熟瓜，听到"当当"声的，是还没有熟的瓜，听到"噗噗"声的，是过熟的瓜。

看瓜柄

绿色的，是熟瓜；黑褐色、茸毛脱落、弯曲发脆、卷须尖端变黄枯萎的，是不熟就摘下的瓜；瓜柄已枯干，是"死藤瓜"，质量极差。

看头尾

两端匀称，脐部和瓜蒂凹陷较深、四周饱满的是好瓜；头大尾小或头尖尾粗的，是质量较差的瓜。

比弹性

瓜皮较薄，用手指压易碎的，是熟瓜；用指甲划要裂，瓜发软的，是过熟的瓜。

用手掂

有空飘感的，是熟瓜；有下沉感的，是生瓜。

试密度、看大小

投入水中向上浮的，是熟瓜；下沉的，是生瓜。同一品种中，大比小好。

观形状

瓜体匀称的，生长正常，质量好；瓜体畸形的，生长不正常，质量差。

米、面

米面的选购一定要嗅其气味，再加上对外观的观察，才能确保买到上乘的米面。

• 大米 •

优质米颜色白而有光泽，米粒整齐，颗粒大小均匀，碎米及其他颜色的米极少。当把手插入米中时，有干爽之感。然后再捧起一把米观察，米中是否含有未熟米（即无光泽、不饱满的米）、损伤米、生霉米。同时，还应注意米中的杂质，优质米糠粉少，无带壳稗粒、稻谷粒、砂石、煤渣、砖瓦粒等。

•面粉•

面粉是由小麦磨制烘干而成的。分为标准粉、富强粉和强力粉3种。优质面粉有面香味、颜色纯白、干燥、不结块和团。劣质面粉水分重、发霉、结团块、有恶酸败味，不能食用。

🔅 干货

干货的种类繁多，价格高，品质参差不齐，要掌握一定的技巧才能挑选到好的干货。

•冬菇•

要求菇面完整有花纹，底色黄白，肉质厚实不翻边，菇面不小于1元硬币，气味淡香，无烟熏糊黑，无虫蛀霉变，无杂质。

•黑木耳•

黑木耳掺假主要是用红糖或盐水等浸泡，或趁湿黏附沙土以增加重量。没有掺假的黑木耳表面黑而有光润，有一面呈灰色；用手触摸觉干燥，无颗粒感；嘴尝无任何异味。掺假的黑木耳，看上去朵厚，耳片粘在一起；手摸时有潮湿或颗粒感，嘴尝或甜或咸；掺假黑木耳分量比没掺假的要重。优质黑木耳应色黑、片薄、体轻、有光泽。

•干菜•

干菜类包括笋干等，品种繁多。选购标准是：干燥、整齐、不霉、无虫，能保持原来的色泽。

第二节 辅食食材的料理方法

如何料理各种食材才能做出既适合宝宝食用又美味健康的食物呢？宝宝的辅食食材一般分为几个大类，每一类的处理方法类似，爸爸妈妈只要遵循其各自的一些原则，便可以轻松制作啦。

蔬菜类

只要理清各种相应的食材，制作相应的辅食就不是一件困难的事情。下面就介绍一下南瓜、油菜等常用的换乳食材的相应简单的处理方法。

●油菜●

1. 先用开水将洗净的油菜烫一下，去掉最外层的菜叶，保留最好的部分。烫完菜之后，记得用凉水冲一下。

2. 将剩下的油菜一张张叠放起来。

3. 按照5毫米的间距切好这部分菜叶。

4. 此时的菜叶已切成丝状，可以给6个月之后的任何月龄的宝宝食用。

●南瓜●

1. 因为南瓜本身较为厚实，皮也较硬，所以切起来就得有一定技巧，应该用刀沿着瓜身上的条纹切成块。

2. 将切成块状的南瓜皮朝下放置，然后再用匙清除瓜子。

3. 用刀轻轻去掉下部的皮。

4. 最后将去皮无子的南瓜块切碎。

小贴士

在添加辅食初期和中期，用过滤网将蒸熟后的南瓜碎过滤后再食用。

●西红柿●

1. 把西红柿放入用水和醋按10：1调配成的液体中浸泡几分钟，再用流水冲洗干净。

2. 在西红柿蒂的反方向部分用刀划出十字形口，然后放入开水中烫一下。

3. 剥掉西红柿的皮，然后将西红柿蒂挖掉。

4. 用刀将西红柿分成4等份后去子，再切成块状或者丝状。

小贴士

挑选西红柿的时候应注意它的新鲜度和表面是否饱满，果肉是否硬挺，色泽是否明亮。

❷ 畜肉类

宝宝食用的肉类应该选择容易消化的鲜嫩的肉，要将筋剔除，或者将肉剁成肉馅儿再做给宝宝吃，这样既利于保持肉的香味，也方便宝宝消化。但是做肉馅儿相对来说费劲些，所以可以一次性多做一些，然后预留起来，随用随取。

●牛肉●

1. 去除脂肪和筋。

2. 放到凉水里浸泡20分钟以上，去除血水。

3.切成块，再切割成3毫米厚的薄片，煮熟。如果只是作为辅料配合别的食材，那可以预先用开水烫一下。

4. 在切肉的时候，应该按照肌肉的走向纹理垂直切，这样不仅容易切，吃起来味道也会不一样。切片后也可以剁碎备用。

❷ 水产类

海鲜营养丰富、味道鲜美，但是一定要清洗干净后再给宝宝食用。尤其是要去除一些海鲜身上的黏液，一些贝壳类的海鲜还要去壳。

●贝壳类●

1. 用刀将煮熟的贝壳打开后，取出里面的肉。

2. 辅食用不到内脏，所以用刀去除内脏部分。

3. 把剩下的肉斜切成块。

4. 把肉块剁碎，直至成为肉酱。

●多肉的鱼●

1.将鱼鳞和鱼鳍去掉，再把鱼切成大小适宜的块。

2.选择肉多处放在盐水里洗净。

3.再用洋葱汁或者梨汁去腥。

4.放入水中煮至水开为止。将煮熟的鱼肉捞出，剔除鱼皮和鱼刺，将剩下的鱼肉搅拌成泥。

●鲜虾●

1.首先把虾头和虾壳去掉，然后捏住虾的尾部将尾巴也去掉。

2.把虾顺着切成两部分，再去掉背上的虾线。

3.将平坦的一面放置朝下，将虾切成片。

4.将虾片剁碎。

🔘 水果类

一般宝宝都喜欢水果，所以这是最适合宝宝的食材。但是现在的水果在种植过程中都会喷洒农药，所以喂食前一定要将外皮去掉，避免宝宝食用。

•哈密瓜•

1.将哈密瓜浸泡在水醋比例为10：1的混合液中，或者用毛巾沾了擦拭，然后用流水冲洗。

2.将哈密瓜竖着分成16等份。切的时候先把刀尖插进去，方便切哈密瓜。

3.哈密瓜子用勺子刮出来扔掉。

4.用刀把距离哈密瓜皮1厘米左右的坚硬部分削掉，留下软嫩的果肉部分。

小贴士

按压哈密瓜瓜蒂部分觉得比较软，说明瓜不太新鲜。哈密瓜味比较香浓证明瓜熟透了。

•猕猴桃•

1.因为猕猴桃表面的毛会导致过敏，所以食用前先用刷子在水下洗刷干净。

2.从猕猴桃的蒂部开始去皮，用刀将靠近蒂部的较硬的部分挖出。

3.竖着切成4等份。

4.中间的白色部分比较难嚼，可以去掉。

菌类

给宝宝吃的蘑菇不用过分清洗，因为那样会造成营养的流失。

●冬菇●

1.把茎部较硬的部分去掉，只取用伞帽部。
2.平坦部位向下，切成片。
3.将片切成碎块即可使用。

坚果类

虽然坚果的营养很丰富，妈妈也喜欢用来喂食宝宝，但是需要小心的是别让坚果的碎粒噎着宝宝。

●栗子●

1.带皮的栗子要放在温水里浸泡半个小时以上。
2.用刀在栗子尖的部位划开口后，从上而下地去皮。

3.把去皮的栗子放在水中煮开10分钟左右，然后再放入凉水中浸泡几分钟。

4.用刀把内皮去掉并且把栗子磨成碎块。

●核桃●

1.把带壳的核桃放入水中煮几分钟后放入适当的盐，这样有利于去壳。

2.用毛巾把核桃表面的水分擦干。

3.自然冷却后用刀沿着裂缝切开，取出中间的核桃仁。

4.将核桃仁放入温水中浸泡10分钟，再取出沥干。

第三节 食材的搭配方案

为了给宝宝提供更全面有效的营养，爸爸妈妈要多学习食材的搭配，了解它们搭配在一起所能产生的良好功效。这样喂养出来的宝宝，想不茁壮成长都难。

💡 方案1：猪肉＋卷心菜

❗提高钙质吸收率，帮助骨骼成形，预防骨质疏松症

人体虽然对维生素K的需要量少，但其却是促进血液正常凝固及骨骼生长的重要维生素，且新生儿极易缺乏，因此，为宝宝准备的日常菜谱中，一定要注意对维生素K的摄取。一般黄绿色蔬菜都含有丰富的维生素K，如卷心菜、菜花、豌豆、韭菜等。猪肉中含有宝宝生长发育必不可少的蛋白质，而卷心菜含有丰富的维生素、纤维素、钙和磷，这些物质能促进宝宝骨骼发育，卷心菜和猪肉同食，增加了菜肴的滋养性，荤而不腻，素而不淡，营养更加全面。

💡 方案2：猪肉＋鸡蛋

❗能够预防病毒入侵，加强肌肤及黏膜的防御能力

猪肉富含蛋白质，也含有部分的锌，和富含维生素A、维生素C的食材搭配组合，能有效提高人体免疫力。维生素A多存在于乳制品、鸡蛋、动物内脏、鱼类中，而黄花菜、菠菜都是富含维生素C的食物。

💡 方案3：牛肉＋萝卜

❗增强机体免疫功能，提高抗病能力

萝卜富含多种维生素，能有效提高免疫力，如维生素C能刺激体内制造干扰素，用来破坏病毒以减少其与白细胞的结合，保持白细胞的数目；维生素E能增加抗体，清除滤过病毒、细菌和癌细胞。而牛肉富含的蛋白质也是构成白细胞和抗体的主要成分，且萝卜中的淀粉酶能分解牛肉中的脂肪，使之得到充分的吸收，二者同食，营养价值更高。

方案4：鸡肉＋金针菇

增强机体生物活性，促进宝宝身高和智力发育

金针菇含有较全的人体必需氨基酸成分，并富含锌质，对宝宝的身高和智力发育有良好的作用，人称"增智菇"。鸡肉的优质蛋白质能强壮身体，而金针菇具有加速营养素吸收利用的作用，二者搭配同食，有相得益彰的效果。

方案5：猪肝＋荸荠

促进人体生长发育

荸荠中含的磷是根茎类蔬菜中较高的，对牙齿骨骼的发育有很大好处，还可促进体内糖类、脂肪、蛋白质的代谢，十分适合宝宝食用。而猪肝富含蛋白质、卵磷脂等，也可促进宝宝智力和身体发育，二者同食，营养更佳。

方案6：牛奶＋西芹、油菜

强身健体，促进生长发育

西芹、油菜富含各种维生素，可提高人体对牛奶中营养物质，如钙的吸收，可促进宝宝健康成长。

方案7：鲫鱼＋蘑菇

排解便秘，滋补清肠

鲫鱼营养丰富，蘑菇滋补清肠，搭配同食，可理气开胃、利水消肿、清热解毒，对身体健康十分有益。特别是婴幼儿比较容易缺钙，鲫鱼加蘑菇的搭配方案非常适合宝宝。但是鲫鱼鱼刺较多，食用时要特别小心。

💡 方案8：虾+鸡蛋

❗促进神经系统及身体发育，健脑益智

　　虾和鸡蛋皆是很好的蛋白质来源，并富含对宝宝成长非常关键的氨基酸、DHA等营养物质，搭配同食，更增美味和营养。

💡 方案9：薏米+栗子

❗维持机体正常功用，提高免疫力

　　薏米与栗子都是药食兼用的食物，均含有较高的糖类、蛋白质、脂肪，以及多种维生素和宝宝所必需的多种氨基酸。

💡 方案10：红薯+牛奶

❗强健骨骼牙齿

　　红薯煮熟后，部分淀粉发生变化，比生食时增加40%左右的食物纤维，在防治慢性病方面作用非常突出，与富含钙质的牛奶同食，效果更佳。

💡 方案11：菠菜+胡萝卜

❗促进身体发育，保护血管

　　菠菜与胡萝卜同食可促进胡萝卜素转化为维生素A，以防止胆固醇在体内血管壁沉积，保护心脑血管。

💡 方案12：韭菜+豆芽

❗提高免疫力，预防疾病

　　韭菜、豆芽都富含食物纤维，可促进消化、缓解便秘，二者搭配同食更可加速体内脂肪的代谢，达到控制宝宝体重的功效。

此外，韭菜还与鸡蛋、豆腐、蘑菇、鲫鱼、肉类相宜，适宜与这些食材搭配食用，对身体有益。

方案13：南瓜＋山药

健脾益胃，促消化

山药可补气，南瓜富含维生素及食物纤维，同食可提神补气、降脂减肥，让宝宝的身体更强壮。

此外，南瓜还宜与绿豆、猪肉、莲子同食，都有防治肥胖的作用，可保健身体。

方案14：莴苣＋牛肉

维持人体健康，促进皮肤、头发生长

莴苣是营养丰富的蔬菜，能促进消化，增进食欲，有助于宝宝的睡眠。牛肉含有丰富的蛋白质，氨基酸组成比猪肉更接近人体需要。莴苣与含B族维生素的牛肉同食，可促进身体发育。

方案15：莲藕＋糯米

供给人体能量，调节细胞活动

莲藕可滋阴除烦，糯米可补中益气、健脾养胃，与莲藕同食，可益气养血、补益五脏，对宝宝的身体健康极为有益。

此外，莲藕还宜与酸梅、百合、鳝鱼、猪肉同食，对人体有益。

方案16：竹笋＋枸杞子

保护眼睛，增强人体免疫力

竹笋与枸杞子同食，可补充胡萝卜素、维生素A等竹笋所缺的营养素，对肝火重的宝宝比较有利。很多宝宝平时对着电视、电脑的时间长，影响视力的发育，竹笋和

枸杞子的搭配比较适合保护宝宝的眼睛。

⊙ 方案17：金针菇＋西蓝花

⊕ 提高机体免疫力，预防感冒

　　西蓝花的维生素C含量极为丰富，可提高机体免疫力，增强肝脏解毒能力，预防疾病，与金针菇搭配同食，不仅能促进发育，还可益智补脑。

　　除此之外，金针菇还宜与豆腐、鸡肉、猪肚同食，可防病健身。

⊙ 方案18：西柚＋西红柿

⊕ 提高机体免疫力，保护视力

　　此搭配含丰富的维生素A及维生素C，西红柿富含维生素A、维生素C，与西柚榨汁同饮，低热低糖，是肥胖宝宝的理想饮品。

第四节 辅食米粥的制作方法

辅食制作需要掌握一定的方法，比如熬粥，要做出不同稠度的，就需要控制不同的水米比例。再如研磨、捣碎等步骤都是经常用到的。

米汤：

冷水浸泡米30分钟左右。水跟米比例为10∶1，把泡完的米磨成1毫米大小的碎末，就能开始熬粥了。在熬制过程中需要不断地用饭匙进行搅拌以免粘锅，煮沸以后再用小火继续熬一阵儿。

稠粥：

水跟米的比例为5∶1，米稍微打磨一下，煮30分钟左右即可。

软饭：

水跟米的比例为2∶1，直接将水和米一起煮熟即可。

类　别	方　法
熬　粥	熬是制作辅食最基本的方法。熟悉了熬粥的基本方法后，可以轻松面对任何种类的粥。根据辅食的不同阶段需求，注意通过控制米粒的大小、水量多少来熬制适合各阶段宝宝食用的粥
剁、切	在制作辅食的后期，要尽量使用切的方法。洗干净材料后，切成适当粗细的条状，再根据所需切成丁状或者剁碎
使用漏勺滤汁	此法主要用于辅食制作初期，用来制作流食。常使用漏勺或者榨汁机。把稀粥放入漏勺中过滤得到米汤，把煮熟打碎的土豆或者红薯放在漏勺里，也可以去掉大块的颗粒。榨汁机主要用来制作橙汁或橘汁
研　磨	这是辅食初期经常会使用到的方法。把较硬的材料研磨后加工会更容易熟。加工苹果或者萝卜、土豆等材料时使用礤床儿会更省力一些。当需求量很多，或者处理那些水分较足的材料，或者是多种材料同时研磨的时候，使用榨汁机会更方便些
捣　碎	辅食初期和中期都会使用到此类方法。工具主要是木匙、饭匙、刀或者粉碎机等。大部分的材料都可以使用粉碎机来解决，包括弄碎泡开的米。购买适用于制作辅食的专用小型机器即可。那些香蕉、煮熟的土豆或者红薯等较软的材料可以用木匙或者饭匙加工。豆腐放在菜板上用刀面压碎即可，量少的时候放进碗里用匙碾碎即可

第五节 辅食汤的制作方法

各种美味的汤是宝宝辅食的好选择，爸爸妈妈快来学习一下如何做出各种美味的调味汤吧。

利用蔬菜、肉、海鲜制作调味汤，在冷冻室储藏可以使用1周，使用时非常方便。让我们看一看调味汤的制作方法吧！

鲜鱼汤

材料准备

鱼肉100克。

做法

1. 将去除头部和内脏的鱼肉放入调料包内（利用调料包装鱼，可使烹制好的鱼汤清亮不混浊）。
2. 锅内加入500毫升清水，再放入装有鱼肉的调料包。
3. 等鱼汁溶入水中后，用大火将汤煮沸，煮沸后取出装鱼的调料包即可。

鸡肉汤

材料准备

鸡腿2个，胡萝卜和白菜各适量。

做法

1. 将鸡腿洗净，胡萝卜、白菜切块。
2. 将清水与鸡腿肉、蔬菜一同放入锅中，再用大火煮开。
3. 等汤水沸腾后改小火，滤去浮沫，再煮20～30分钟，用漏勺将鸡腿和蔬菜捞出，再把汤水过滤成清汤即可。

冬菇汤

材料准备

干冬菇3个。

做法

1. 把干冬菇放入清水中轻轻洗一洗。
2. 锅里放入适量的清水煮开后，再调到小火，放入冬菇煮5分钟。
3. 捞出冬菇，再用软纱布过滤残渣，取汤即可。

牛肉汤

材料准备

牛肉200克。

做法

1. 将牛肉切小块，冲洗干净，放入锅中加水，用大火煮开。
2. 当水煮沸后，滤去浮沫，改用小火再煮45分钟左右。
3. 待汤水减少至约200毫升时熄火，放凉后置于冰箱中冷藏，过一会儿取出，撇去凝固在上面的一层油脂即可。

海鲜汤

材料准备
蛤蚌40克，大虾、鱿鱼各30克。

做法
1. 蛤蚌用铝纸包好后放入凉水中会更容易去除淤泥。
2. 大虾去壳、去虾线后放入盐水中洗净。
3. 鱿鱼剥完皮后切成4厘米见方的块，在背面用刀划痕。
4. 锅里加入上述材料和适量的清水煮一段时间，再用滤网过滤即可。

紫菜汤

材料准备

紫菜1片。

做法

1. 紫菜撕成小片。

2. 锅内加入清水，放入紫菜，用大火煮开。

3. 开锅前取出紫菜，等汤水变凉后即可。

第六节 辅食的加热方法

　　宝宝辅食的加热也需要掌握一定的方法，爸爸妈妈只要按照步骤一步步来，就可以轻松搞定啦。

步　骤	方　法
预备一个合适的锅	锅应该比盛放辅食的容器要大一些，以便均匀加热。容器的材质应该选用不锈钢或者陶瓷，内热温度要超过180℃才安全。因为玻璃容器容易在加热时碎裂，所以不宜选择
水线以到锅的2/3为宜	将装有辅食的容器放进锅里，然后加水，等水升到2/3锅高时停止
不加盖	加盖容易让依附在盖面上凝成的水珠流进食物里，所以不应加盖
水开后闭火放置1分钟	水开后闭火，因为此时容器较烫，所以冷却1分钟后再取出
成人先用嘴试下温度	把锅中取出来的辅食用匙搅匀，然后成人用嘴测试下温度，再给宝宝喂食

第七节 轻松计量辅食的量

用常见的工具如匙等，便可以轻松计量宝宝辅食的量啦。不同月龄的宝宝，辅食的量都会不同，爸爸妈妈要学会判别哟。

泡过的大米10克	红薯10克	南瓜10克	西蓝花10克	胡萝卜10克

菠菜10克	牛肉10克	鸡胸脯肉10克	豆腐10克	虾肉10克

→各时期辅食的量

初期50克	中期100克	后期120克	结束期150克

4～6个月标准	8个月标准	10个月标准	12个月以后

第八节 辅食添加的个体差异

宝宝辅食添加的时间以及对某些辅食的偏好，都会因人而异，所以爸爸妈妈也不用过分拘泥于所谓的准则。

宝宝之间的饮食差异很大，父母不要把自己的宝宝和别人家的宝宝比较，只要医生检查后证明自己的宝宝身体健康，那么宝宝是早一个月添加辅食，还是晚一个月添加辅食，都是正常的。父母要根据生长曲线，让宝宝自己和自己比较，只要发育正常，每个月的体重都在增长就可以了。

而且，每个宝宝的口味也不同，有的宝宝喜欢吃这样，有的宝宝喜欢吃那样，这些都不是问题，因为没有一种营养素能够承担宝宝所需要的全部营养，也没有哪一种食物能涵盖所有的营养。因此即使宝宝不吃哪种辅食也没有问题。

比如宝宝6个多月了，应该添加辅食了，但是不代表一到这一天马上就要添加辅食。也许是宝宝还喜欢吃母乳，那就多吃几天，过几天再添加辅食的时候也许宝宝就会乐意接受了。

第九节 不同食物消化后的粪便

喂食宝宝不同的食物，其产生的粪便性状也会有所不同。爸爸妈妈可以通过观察宝宝的粪便，发现其身体的某些异样。

类　型	性　状
喂食母乳的宝宝粪便	观察那些纯母乳喂养宝宝的粪便会发现，粪便呈糊状或者凝乳状，颜色呈现黄色或者略有些发绿。如果看到宝宝的粪便呈现亮绿色，伴有泡沫，有可能是宝宝吃的母乳中前奶太多，后奶较少的缘故。前奶是妈妈乳房最先分泌出来的乳汁，脂肪含量相对较低。而后奶则是妈妈乳房最后分泌出的乳汁，脂肪含量较高，营养也最充分。如果要避免这种情况出现的话，下次妈妈可换个乳房让宝宝先吃
喂食配方奶的宝宝粪便	喂食配方奶的宝宝的粪便是浆状的，色呈棕色，气味较浓，待宝宝开始吃辅食以后气味会更大
补充铁元素以后的粪便	一旦宝宝开始补充铁元素，粪便的颜色便会变成暗绿色，甚至接近黑色，这是正常现象，不必忧虑
喂食辅食后的粪便	开始喂食辅食的宝宝，粪便在气味上会有很大的变化。粪便的气味会更大，颜色方面，仍旧搭配母乳喂养的宝宝大便颜色往往是棕色或者深棕色
食物没消化完的粪便	某些食物没有被宝宝完全消化便会在粪便中带有一些相应的食物块。如果宝宝每次进食过多，咀嚼又不是很充分，那么粪便就可能出现食物块。如果粪便一直有这些食物块出现，就应该带宝宝去医院诊治其肠胃是否无法正常消化食物和吸收营养

第十节 让宝宝爱上辅食

爸爸妈妈经常会遇到宝宝不爱吃辅食的情况，那么就要细究其中的原因，从而对症下药，让宝宝爱上吃辅食。

◉ 不吃辅食的原因

宝宝不吃辅食的原因有很多，可能是宝宝不饿，宝宝不懂得如何吃食物，有的是妈妈在宝宝玩儿得正高兴的时候突然抱起宝宝喂食，还有可能是因为喂的量太大了，宝宝吃不下了。妈妈喂宝宝要耐心，不要喂太快，而且要按照宝宝的食量喂，不要喂太多的食物。更不要总给宝宝吃一种食物，大人经常吃一样的东西也会倒胃口，所以饮食要有变化才能促进宝宝的食欲。

原　因	具体表现
就餐时间紊乱	有的妈妈因为工作忙，或者按照宝宝的进食欲望安排，导致宝宝就餐时间紊乱，偏食、挑食
父母态度	宝宝在成长过程中出现挑食的现象，这与父母的态度很有关系，若家长过于纵容就会促成宝宝吃饭挑食的坏习惯
未及时添加辅食	在宝宝应该添加辅食的关键时期没有添加，仍然母乳喂养或配方奶喂养，导致宝宝咀嚼能力发育缓慢，排斥需要咀嚼的食物
强制进食	父母用强制或粗暴的手段逼宝宝吃东西，会使他产生逆反心理。因为不愉快情绪不仅会降低食欲、影响消化，而且会让宝宝产生对立情绪，这种强制进食往往会增加宝宝挑食的可能性
品种单一	食物的种类、制作方法单一
吃零食	在非用餐时间，任意地吃类似巧克力、蛋糕等零食。需要注意的是要适量地给宝宝吃零食，多吃会影响宝宝的食欲

○ 不吃辅食的解决方法

很多妈妈都遇到过宝宝不好好吃辅食的问题，那么到底该如何解决？

宝宝不想吃辅食肯定是有原因的，妈妈不要因为宝宝不好好吃饭就发脾气，要善于寻找根源。是不是因为宝宝哪里不舒服或者很累想睡觉，又或者是因为宝宝不想吃这种食物，又或者是妈妈喂的食物太热，或者量太大，宝宝一下子吃不了这么多。种种原因都有可能，妈妈若有耐心就一定能让宝宝爱上辅食。

● 父母要以身作则 ●

父母要做到不挑食，按时吃饭，避免不好的习惯影响宝宝。尽量少给宝宝吃零食，要选择营养价值高的零食，如坚果等。尽量把饭做得好吃一点儿，促进宝宝的食欲。

● 合理的饮食时间 ●

父母的责任是将合适的饭菜在合适的时间提供给宝宝，许多宝宝在成长期都会有一些正常的"挑食"行为，这与他们独有的个性和个人喜好密切相关，而这类问题随着年龄的增长是能够被纠正的。

● 注意情绪和情感作用 ●

宝宝喜欢得到别人的赞许，可以在吃饭时适当鼓励，使其有一个良好的进食环境，促进宝宝的食欲。不要操之过急，注意方法。当宝宝不喜欢吃青菜时，父母可以采用迂回战术，从他喜欢吃的有"绿色外表"的水果入手，给他讲蔬菜与水果一样好吃。

● 示范如何咀嚼食物 ●

有些宝宝因为不习惯咀嚼，会用舌头将食物往外推，父母在这时要给宝宝做示范，教宝宝如何咀嚼食物并且吞下去。可以放慢速度多试几次，让宝宝有更多的学习机会。

● 不要喂太多或太快 ●

按宝宝的食量喂食，速度不要太快，喂完食物后，应让宝宝休息一下，不要有剧烈的活动，也不要马上哺乳。

● 品尝各种新口味 ●

辅食富于变化能刺激宝宝的食欲。在宝宝原本喜欢的食物中加入新鲜的食物，添加量和种类要遵循由少到多的规律，逐渐增加辅食种类，让宝宝养成不挑食的好习惯。宝宝若讨厌某种食物，父母应在烹调方式上多换花样。

PART 3

辅食添加初期

（5～6个月）

第一节 5~6个月宝宝的变化

5~6个月的宝宝，每个月都会有新的或隐或显的变化，让爸爸妈妈感受到他在一点点长大。

5个月的宝宝

1. 已经出牙0~2颗。

2. 双手支撑着坐。

3. 物体掉落时，会低头去找。

4. 能发出4~5个单音。

5. 会玩躲猫猫的游戏。

6. 能熟练地从仰卧自行翻滚到俯卧。

7. 坐在椅子上能直起身子，不倾倒。

8. 成人双手扶宝宝腋下，让宝宝站立起来，宝宝能反复屈伸膝关节自动跳跃。

9. 宝宝能用双手抓住纸的两边，把纸撕开。

10. 爱照镜子，常对着镜中人出神。

11. 可以双手对击积木。

6个月的宝宝

1. 宝宝平卧在床面上，不需帮助能自己把头抬起来。

2. 不需要用手支撑，可以单独坐5分钟以上。

3. 能伸手够取远处的物体。

4. 成人拉着宝宝的手臂，宝宝能站立片刻。

5. 能够自己取一块积木，换手后再取另一块。

6. 能发出"ba""ma"或者"ai"的音。

小贴士

宝宝生长的前5个月最完美的食物就是母乳，因此母乳喂养到5个月也不算太晚，尤其是有过敏体质的宝宝，添加辅食过早可能会加重过敏症状。

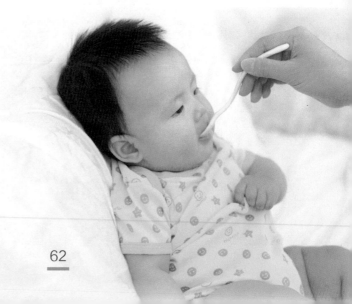

第二节　添加初期辅食需谨慎

给宝宝添加初期辅食时，爸爸妈妈肯定会比较慎重，其实只要掌握一定的原则和方法就简单啦。要根据宝宝的具体情况控制辅食的数量、添加时间等，循序渐进。

添加初期辅食要注意

由于生长发育以及对食物的适应性和喜好都存有一定的个体差异，所以每一个宝宝添加辅食的时间、数量以及速度都会有一定的差别，妈妈应该根据自己宝宝的情况灵活掌握添加时机，循序渐进。

• 添加辅食不等同于换乳 •

当母乳比较多，只是因为宝宝不爱吃辅食而用断母乳的方式来逼宝宝吃辅食这种做法是不可取的。因为母乳毕竟是这个时期的宝宝最好的食物，所以不需要着急用辅食代替母乳。对于上个月不爱吃辅食的宝宝，可能这个月还是不太爱吃，但只要有耐心，等到母乳喂养的宝宝到了6个月后就会逐渐开始爱吃辅食了。

• 注意观察宝宝是否有过敏反应 •

待宝宝开始吃辅食之后，应该随时留意宝宝的皮肤。看看宝宝是否出现了什么不良反应。如果出现了皮肤红肿甚至伴随着湿疹出现的情况，就该暂停喂食该种辅食。

• 注意观察宝宝的粪便 •

宝宝粪便的情况妈妈也应该随时留意观察。如果宝宝粪便不正常，也要停止相应的辅食。等到宝宝的粪便变得正常，也没有其他消化不良的症状以后，再慢慢地添加这种辅食，并且要控制好量。

❂ 如何添加初期辅食

妈妈到底该如何在众多的食材中选择适合宝宝的辅食呢？如果选择了不当的辅食，会引起宝宝的肠胃不适，甚至过敏。所以，在第一次添加辅食时尤其要谨慎些。

● 辅食添加的量 ●

奶与辅食量的比例为8∶2，添加辅食应该从少量开始，然后逐渐增加。刚开始添加辅食时可以从米粉开始，然后逐渐过渡到果汁、菜叶、蛋黄等。食用蛋黄的时候应该先用小匙喂大约1/8大的蛋黄泥，连续喂食3天；如果宝宝没有大的异常反应，再增加到1/4个蛋黄泥。接着再喂食3~4天，如果还是一切正常就可以加量到半个蛋黄泥。需要提醒的是，大约3%的宝宝对蛋黄会有过敏、皮疹、气喘甚至腹泻等不良反应。如果宝宝有这样的反应，应暂停喂食，等到7~8个月大后再行尝试。

● 添加辅食的时间 ●

因为这个阶段宝宝所食用的辅食营养还不足以取代母乳或配方奶，所以应该在两顿奶之间添加。最好在白天喂奶之前添加米粉，上下午各一次，每一次的时间应该控制在20~25分钟。

● 第一口辅食 ●

宝宝最佳的起始辅食应该是婴儿营养米粉。这种辅食里面含有多种营养元素，如强化了的钙、锌、铁等。其他辅食就没有它这么全面的营养了。这样一来，既能保证宝宝一开始就摄取到较为均衡的营养素，又不会过早增加肠胃负担。喂完米粉以后，就要立即给宝宝喂食母乳或者配方奶，每个妈妈都应该记住，每一次喂食都该让宝宝吃饱，以免养成少量多餐的不良习惯。所以，等到宝宝把辅食吃完以后，就该马上给宝宝喂母乳或配方奶，直到宝宝不喝了为止。当然，如果宝宝吃完辅食以后，不愿意再喝奶，那说明宝宝已经吃饱了。一直等到宝宝适应了初次喂食的米粉量之后，再逐渐加量。

● 喂食一周后再添加新的食物 ●

添加辅食的时候，一定要注意一个原则，那就是等习惯一种辅食之后再添加另一种辅食，而且每次添加新的辅食时留意宝宝的表现，多观察几天，如果宝宝一直没有出现什么反常的情况，再接着喂下一种辅食。

第三节 适合初期辅食的食材

本节介绍了一些适合宝宝添加辅食初期食用的食材，爸爸妈妈们可以了解其营养价值、食用方法和添加时间后加以选择。

南瓜

富含脂肪、糖类、蛋白质等营养的南瓜，本身具有的香浓甜味还能增加食欲。

梨

很少会引起过敏反应，所以添加辅食初期就可以开始食用。它还具有祛痰降温、帮助排便的功用，所以在宝宝便秘或者感冒时食用一举两得。

香蕉

香蕉含糖量高；脂肪酸含量低，可以在添加辅食初期食用。应挑表面有褐色斑点熟透了的香蕉，切除含有农药较多的尖部。初期放在米糊里煮熟后食用更安全。

苹果

辅食初期的最佳选项。等到宝宝适应蔬菜糊糊后就可以开始喂食。因为苹果皮下有不少营养成分，所以打皮时尽量薄一些。

萝卜

富含对感冒、咳嗽有很好治疗效果的消化酶。可以在宝宝6个月大的时候开始喂食。根部的辣味较为浓重，应该使用中间或者叶子部分来制作辅食。

西蓝花

本身富含维生素C，很适合喂食感冒的宝宝。等到5个月后开始喂食，不要使用它的茎部来制作辅食，只用菜花部分，磨碎后放置冰箱中保存备用。

65

甜叶菜

富含维生素C和钙的黄绿色蔬菜。因为纤维素含量高不易消化，所以宜5个月后喂食。取其叶部，洗净后开水氽烫，然后使用粉碎机搅碎后使用。

鸡胸脯肉

脂肪含量低，味道清淡而且易消化吸收。这个部位的肉很少引起宝宝过敏。为及时补足铁，可在宝宝6个月后开始经常食用。煮熟后捣碎食用，鸡汤还可冷冻后保存继续在下次使用。

菜花

能够增强抵抗力、排出肠毒素。适合容易感冒、便秘的宝宝。把它和土豆一起食用，既美味又有营养。去掉茎部后选用新鲜的菜花部分，开水氽烫后捣碎食用。

李子

含超过一般水果3~6倍的纤维素，特别适合便秘的宝宝。因其味道较浓，可在宝宝5个月大后喂食。初时应选用熟透的、味淡的李子。

西瓜

富含水分和钾，有利于排尿。既散热又解渴，是夏季制作辅食的绝佳选择。因为容易导致腹泻，所以一次不可食用太多。去皮、去子后捣碎，然后再用纱布过滤后烫一下喂给宝宝。

桃、杏

添加辅食伊始，不少宝宝会出现便秘，此时较为适合的水果就是桃和杏。因果面有毛易过敏，所以应在5个月后开始喂食。有果毛过敏症的宝宝宜在1岁后喂食。

油菜

容易消化并且美味。虽然富含铁，但因其阻碍硝酸的吸收，容易导致贫血，所以6个月前禁止食用。加热时间过长会破坏维生素和铁，所以用开水烫一下后搅碎。

白菜

富含维生素C，能预防感冒。因其纤维素较多，不易消化，并且容易引起贫血，故应在6个月后喂食。添加辅食初期选用纤维素含量少、维生素较多的叶子部位。

蘑菇

除了含有蛋白质、矿物质、纤维素等营养素，还能提高免疫力。先食用安全性最高的冬菇，没有任何不良反应后再尝试其他蘑菇。开水烫一下后切成小块，再用粉碎机搅碎后食用。

海带

富含纤维素和矿物质，是较好的辅食材料。附在其表面的白色粉末增加了其美味，易溶于水，故而用湿布擦干净即可。擦干净后用煎锅煎脆后再捣碎食用。

胡萝卜

富含维生素和矿物质。虽然辅食中常用它补铁，但它也含有易引起贫血的硝酸盐，所以一般6个月后食用。油煎后食用较好，添加辅食初期和中期应去皮蒸熟后食用。

卷心菜

适用于体质较弱的宝宝，以提高对疾病的抵抗力。首先去掉硬而韧的表皮，然后用开水烫一下里层的菜叶，再捣碎。最后用榨汁机或者粉碎机研碎，放入大米糊糊里一起煮。

➞ 常用食物的黏稠度

大米：磨碎后做10倍米糊，相当于母乳浓度。

鸡胸脯肉：开水煮熟，切碎，再用粉碎机搅碎食用。

苹果：去皮和子，磨碎，用筛子筛完取汁加热。

油菜：开水烫一下，磨碎或捣碎，然后用筛子筛。

胡萝卜：去皮、煮熟后，磨碎或捣碎，然后用筛子筛。

土豆：带皮蒸熟后，再去皮、捣碎，然后用筛子筛。

第四节 初期辅食食谱

辅食添加初期，宝宝们适合吃一些流体或半流体食物，比如各种蔬菜汁或水果汁（泥），以及米粉、各种粥等，爸爸妈妈们可以参照食谱制作。

米粉

材料准备
婴儿米粉1匙，温水30毫升。

做法
1匙婴儿米粉加30毫升温水，调制成糊状。第一次添加米粉的时候，可以稍微稀薄一些。

配方奶米粉

材料准备
婴儿配方奶粉1匙，婴儿米粉1匙，温水30毫升。

做法
将婴儿配方奶粉及婴儿米粉以1：1的比例混合，用30毫升的温水调匀即可。

梨汁

材料准备

小白萝卜1个，梨2个。

做法

1. 将白萝卜切成细丝，梨切成薄片。
2. 将白萝卜丝倒入锅内，加清水烧开，用小火煮10分钟后，加入梨片再煮5分钟，然后过滤取汁即可。

橘子汁

材料准备

橘子1个。

做法

1. 将橘子去皮，掰成两半，放入榨汁机中榨成橘汁。
2. 将50毫升清水倒入与其等量的橘汁中加以稀释。
3. 将橘汁倒入锅内，用小火煮一会儿即可。

苹果汁

材料准备

苹果1/3个。

做法

1. 将苹果洗净，去皮，放入榨汁机中榨成苹果汁。
2. 将30毫升清水倒入与其等量的苹果汁中加以稀释。
3. 将稀释后的苹果汁倒入锅内，用小火煮一会儿即可。

西瓜汁

材料准备

西瓜瓤20克。

做法

1. 将西瓜瓤放入碗内，用匙捣烂，再用纱布过滤出西瓜汁。

2. 将30毫升清水倒入与其等量的西瓜汁中加以稀释。

3. 将西瓜汁放入锅内，用小火煮一会儿即可。

草莓汁

材料准备

草莓3个。

做法

1. 将草莓洗净，切碎，放入小碗中，用匙碾碎。

2. 将碾碎的草莓倒入过滤漏勺，挤出汁，加30毫升清水调匀即可。

胡萝卜汁

材料准备

胡萝卜1根。

做法

1. 胡萝卜洗净，切小块。

2. 放入小锅内，加30毫升水煮沸，小火煮10分钟。

3. 过滤后将胡萝卜汁倒入杯中即可。

油菜汁

材料准备

油菜叶5片。

做法

1. 在锅里加50毫升清水烧开。

2. 将洗净的油菜叶切碎，放入沸水内，煮1分钟后熄火。

3. 待降温后，过滤倒入杯中。

黄瓜汁

材料准备

黄瓜1/2根。

做法

1. 将黄瓜去皮，用礤床儿擦丝。

2. 用干净纱布包住黄瓜丝，挤出汁即可。

蛋黄糊

材料准备
鸡蛋1个，温水30毫升。

做法
1. 将鸡蛋洗净，放在热水锅中煮熟，煮的时间久一些。
2. 鸡蛋去壳，剥去蛋白，将蛋黄放入研磨器中压成泥状。
3. 将蛋黄泥用温水调成糊状，待凉至微温时喂食即可。

香蕉泥

材料准备
熟透的香蕉1根，白糖、柠檬汁各少许。

做法
1. 将香蕉洗净，剥皮，去白丝。
2. 把香蕉切成小块，放入搅拌机中，加入白糖，滴几滴柠檬汁，搅成均匀的香蕉泥，倒入小碗内即可。

苹果泥

材料准备
苹果1/2个。

做法
用小匙轻刮苹果面，刮出细泥即可。

胡萝卜泥

材料准备

苹果1/3个，胡萝卜1/4个。

做法

1. 将胡萝卜洗净，切小块，苹果洗净，去皮，切碎。
2. 将胡萝卜放入开水中煮1分钟，捞出研碎，然后放入锅内用小火煮，并加入切碎的苹果，煮烂即可。

南瓜泥

材料准备

南瓜1块，米汤10匙。

做法

1. 将南瓜放在锅中蒸熟后捣碎、过滤。
2. 将南瓜和米汤一起放入锅内，用小火煮一会儿即可。

PART 4

辅食添加中期

（7～9个月）

第一节 7~9个月宝宝的变化

7~9个月的宝宝，又发生了不少的变化，爸爸妈妈们快来看看每个月的宝宝都有哪些新变化吧。

7个月的宝宝

1. 能将腹部贴地，匍匐着向前爬行。
2. 能将玩具从一只手换到另一只手。
3. 能够坐姿平稳地独坐10分钟以上。
4. 可以自行扶着站立。
5. 能辨别出熟悉的声音。
6. 能发出"ma-ma"和"ba-ba"的声音。
7. 会模仿成人的动作。
8. 已经能分辨自己的名字，当有人叫自己的名字时会有反应，但叫别人名字时没有反应。
9. 对成人的表扬和训斥表现出高兴和委屈。
10. 开始能用手势与人交流，如伸手要人抱，摇头表示不同意等。
11. 会自己拿着条状饼干有目的地咬、嚼。

8个月的宝宝

1. 爬行时可以腹部离开地面。
2. 能自发地翻到俯卧的位置。
3. 能自己以俯卧转向坐位。
4. 能用拇指和示指捏起小丸。

5. 能够理解简单的语言，模仿简单的发音。
6. 语言和动作能联系起来。
7. 能用摇头或者推开的动作来表示不情愿。
8. 能自己拿奶瓶喝奶或喝水。

9个月的宝宝

1. 能从坐姿到扶栏杆站立。
2. 爬行时可向前也可向后。
3. 扶着栏杆时能抬起一只脚，之后再放下。
4. 拇指、示指能协调较好，捏小丸的动作越来越熟练。
5. 会抓住小匙子。
6. 想自己吃东西。
7. 能区分可以做和不可以做的事。
8. 懂得常见人和物的名称。
9. 能有意识地叫"爸爸""妈妈"。

第二节 开始添加中期辅食

一般在初期辅食后一两个月才开始添加中期辅食。但是具体添加的时候，爸爸妈妈还是得根据宝宝对食物的反应进行调节。

一般来说在添加初期的辅食后一两个月才开始添加中期辅食，因为此时的宝宝基本已经适应了除配方奶、母乳以外的食物。所以初期辅食开始于4个月的宝宝，一般在6个月后期或者7个月初期开始进行中期辅食添加较好。但那些易过敏或者一直母乳喂养的宝宝，还有那些一直到6个月才开始添加辅食的宝宝，应该在添加1~2个月的初期辅食后，再在7个月后期或者8个月以后添加中期辅食为好。

● 较为熟练咬碎小块食物时 ●

当把切成3毫米大小的块状食物或者豆腐硬度的食物放进宝宝嘴里的时候，留意他的反应。如果宝宝不吐出来，会使用舌头和上牙龈磨着吃，那就代表可以添加中期辅食了。如果宝宝不适应这种食物，那先继续喂更碎、更稠的食物，过几日再喂切成3毫米大小的块状食物。

● 长牙开始，味觉也快速发育 ●

此时正是宝宝长牙的时期，同时也是味觉开始快速发育的时候，应该考虑给宝宝喂食一些能够用舌头碾碎的柔软的固体食物。食物种类可以更多，用来配合咀嚼功能和肠胃功能的发育，同时促进味觉发育。注意不要将大块的蔬菜、鱼肉喂给宝宝，应将其碾碎后再喂给宝宝。

—→ **对食物非常感兴趣时**

宝宝一旦习惯了辅食之后，就会表现出对辅食的浓厚兴趣，吃完平时的量后还想要再吃，全部吃完后会抿抿嘴，并且看到小匙就会下意识地流口水，这些都表明该给宝宝进行中期辅食添加了。

第三节 添加中期辅食需谨慎

中期辅食可添加的食物种类逐渐变多，黏稠度也要变高。此时宝宝已具有初步的咀嚼能力，爸爸妈妈可以适当对其加以锻炼。

💡 添加中期辅食要注意

7~9个月的宝宝，已经开始逐渐萌出牙齿，初步具有一些咀嚼能力，消化酶有所增加，所以能够吃的辅食也越来越多。这个时期宝宝身体每天所需要的营养素有一半来自辅食。

● 食物应由泥状变成稠糊状 ●

辅食要逐渐从泥状变成稠糊状，即食物的水分减少，颗粒增粗，不需要过滤或磨碎，喂到宝宝嘴里后，需稍含一下才能吞咽下去，如蛋羹、碎豆腐等，逐渐再给宝宝添加碎青菜、肉松等，让宝宝学习怎样吞咽食物。

● 七八个月开始添加肉类 ●

宝宝到了7~8个月后，可以开始添加肉类。适宜先喂容易消化吸收的鸡肉、鱼肉。随着宝宝胃肠消化能力的增强，逐渐添加猪肉、牛肉、动物肝等辅食。

● 让宝宝尝试各种各样的辅食 ●

通过让宝宝尝试多种不同的辅食，可以使宝宝体验到各种食物的味道，一天之内添加的两次辅食不宜相同，最好吃混合性食物，如把青菜和鱼做在一起。

● 给宝宝提供能练习咬的食物 ●

这一时期正是宝宝长牙的时候，可以提供一些需要用牙咬的食物，如去皮的胡萝卜让宝宝整根地咬，训练宝宝咬的动作，以促进长牙，而不是让他吃下去。

•开始喂宝宝面食•

面食中可能含有可以导致宝宝过敏的物质，通常在6个月前不予添加。但在宝宝6个月后可以开始添加，一般在这时不容易发生过敏反应。

•食物要清淡•

食物仍然需要保持味淡，不可加入太多的糖、盐等调味品，吃起来有淡淡的味道即可。

•养成良好的饮食习惯•

7～9个月时宝宝已能坐得较稳了，喜欢坐起来吃饭，可把宝宝放在儿童餐椅里让他自己吃辅食，这样有利于宝宝形成良好的进食习惯。

•进食量因人而异•

每次吃的量要据宝宝的情况而定，不要总与别的宝宝比，以免消化不良。

•保持营养素平衡•

在每天添加的辅食中，蔬菜是不可缺少的食物。可以开始尝试吃一些生的食物，如西红柿及水果等。每天添加的辅食，不一定能保证当天所需的营养素，可以在一周内对营养进行平衡，使整体达到身体的营养需要量。

🔘 如何添加中期辅食

每天应该喂两次辅食，辅食最好是稠糊状的食物。
7～9个月主要训练宝宝能将食物放在嘴里后动上下腭，并用舌头顶住上腭将食物吞咽下去。

名称	用量
蛋羹	可由半个蛋羹过渡到整个蛋羹
添加肉末的稠粥	每天喂稠粥两次，每次一小碗（6～8汤匙）。一开始可以在粥里加上2～3汤匙菜泥，逐渐增至3～5汤匙，粥里可以加上少许肉末、鱼肉、肉松、豆腐末等
馒头片或饼干	开始让宝宝随意啃馒头片（1/2片）或饼干，训练咀嚼及吞咽动作，刺激牙龈以促进牙齿的发育。母乳（或其他乳品）每天喂2～3次，吃辅食之前应该先喂母乳或配方奶，母乳吸尽了再喂辅食，中间最好隔开一点儿时间，以免添加的半固体辅食影响母乳中铁的吸收

第四节 适合中期辅食的食材

中期辅食食材可选择的范围更广了些，爸爸妈妈可根据其营养价值、食用方法等加以挑选加工，来丰富宝宝的味蕾。

大麦

不建议在辅食添加初期食用这种坚硬并且易过敏的食物。可以在6个月以后喂大麦茶，但是7个月后才可以食用大麦煮的粥。

玉米

富含维生素E，对于易过敏的宝宝来说等到1岁以后喂食玉米较稳妥。去皮磨碎后再食用。制作时，先用开水烫一下会更为安全。

洋葱

因其味道较浓，宜在中期后食用。熟了的洋葱带有甜味，因此可以作为辅食，其富含蛋白质和钙。制作时切碎后加水泡去其辣味。

大枣

富含维生素A和维生素C。因为新鲜的大枣容易引起腹泻，所以要在宝宝1岁后再喂食。用水泡后去核捣碎再喂食。等到泡水后煮开食用，剩余的要扔掉。

鳕鱼

最常见的用于辅食制作的海鲜，富含蛋白质和钙，极少的脂肪含量，味道也清淡。食用时用开水烫一下，蒸熟去骨捣碎后喂食。

香瓜

富含维生素A、维生素B_1、维生素B_2，是适合在多汗的夏季食用的高水分碱性食物。去掉不易消化的子后去皮捣碎，一般可放粥里煮，8个月大的宝宝可生食。

鸡蛋

蛋黄可以在宝宝7个月后喂食，但蛋白还是在1岁后喂食为佳。易过敏的宝宝则要在1岁后再喂食蛋黄。每周喂食3个左右。

黄花鱼

富含易消化吸收的蛋白质，是较好的辅食食材。若是腌制过的需在1岁后喂食。为防营养缺失，宜蒸熟后去骨捣碎食用。

加吉鱼

不仅含有丰富蛋白质、容易消化吸收，腥味还少，是常用的辅食食材。蒸熟或煮熟后去骨捣碎即可食用。注意去骨时用卫生手套，既方便又保护自己。

海带、莼菜

富含促进新陈代谢的有机物，是适合冬季食用的食材。因为含碘较高，故控制在每天一食。去掉表面盐分，浸泡1小时后切碎放入榨汁机搅碎食用。

黄豆

富含蛋白质和糖类，有助于提高免疫力。易过敏的宝宝还是宜在1岁后喂食。不能直接浸泡食用，应在水中浸泡半天后去皮磨碎再用于制作辅食的配餐。

刀鱼

避免食用有调料的刀鱼，以免增加宝宝肾的负担。喂食宝宝的时候注意那些鱼刺。使用泡米水去其腥味，然后配餐。蒸熟或者煮熟后去刺捣碎食用。

松子

对大脑发育有益的富含脂肪和蛋白质的高热量食品。丰富的磷脂对身体不适的宝宝很有帮助。易过敏的宝宝要在1岁以后食用。

绿豆

具有降温、润滑皮肤等作用，对有过敏性皮肤症状的宝宝特别有益。用凉水浸泡一夜或煮熟后去皮。若买的是去皮绿豆可直接磨碎后放粥里食用。

哈密瓜

富含钾、无机物、维生素和水。鲜嫩的果肉吃起来味道香甜可口。9个月大的宝宝就可以生吃了。挑选时应选纹理浓密鲜明的，根部干燥的。

黑米

长期食用后可以提高身体免疫力，也适合便秘的宝宝。因为它的营养素是来自黑色素中的水溶性物，所以制作前要用清水浸泡。

豆腐

具有高蛋白、低脂肪的特点。易过敏的宝宝要在满1岁后再喂食。可以捣碎后和蘑菇或其他蔬菜一起食用，也可不放油煎熟后食用。

酸奶

选用无糖的酸奶或者无脂奶粉。虽然奶粉本身没有食品添加剂，但如果宝宝过敏，也要在满周岁后再喂食。宝宝嫌味道淡的话，可添加西瓜等水果后再喂食。

绿豆芽

富含维生素C、蛋白质和无机物。但需留意其头部可能引起过敏应去掉。9个月大的宝宝可喂食。去掉较韧的茎部后汆烫食用。因其不易熟透，要捣碎后喂食。

芝麻

有助于大脑发育。野芝麻有益于咳嗽或者体质弱的宝宝。宝宝可能拒绝芝麻那浓浓的味道，所以开始时可少量添加。洗净后放锅内炒熟，然后研碎放入粥内食用。

牡蛎

钙、维生素、蛋白质等营养成分含量较高，对于贫血的宝宝非常有效。煮熟后肉质鲜嫩。冲洗时用盐水，然后用筛子筛后滤水放入粥内煮。

婴儿用奶酪

富含蛋白质、维生素和脂肪，并且钙的含量较高，其中的蛋白质也很容易被消化吸收。1岁前喂食的应该是含盐低、不含人工色素的婴儿用奶酪。若是易过敏的宝宝，则要1岁后再喂食。

茶子油

可以帮助宝宝提高免疫力，增强胃肠的消化功能，促进钙的吸收。其中的维生素E和抗氧化成分还可以预防疾病。可以低温烹饪或直接调用。

葡萄干

富含抗氧化成分和促进肠蠕动的果胶成分。但含糖量较高，且容易呛入气管，所以要切碎后适量喂食。若用凉水泡一段时间后喂食，不仅可去除食品添加剂，还能增添口感。

——→ 一眼分辨常用食物的黏度

大米：有少量米粒、倾斜匙可以滴落的5倍粥。

鸡胸脯肉：去筋捣碎后放粥里煮熟。

苹果：去皮和子后，切碎成3立方毫米的小块。

油菜：开水烫一下菜叶后，切成3毫米长的小段。

胡萝卜：去皮煮熟后，切成3立方毫米大小的小块。

海鲜：去掉壳蒸熟之后捣碎。

第五节 中期辅食中粥的煮法

粥是辅食中常见的类型。那么中期辅食中的粥该怎么煮呢？最主要就是掌握好水米（饭）比例，详情请看食谱。

泡米煮粥

原料：20克泡米，100毫升清水（比例调控为1：5）。

做法：1. 把泡米用榨汁机磨碎。

2. 把磨碎的米和清水放入锅内。

3. 用大火边煮边用匙搅拌，等水开后改小火煮熟。

大米饭煮粥

原料：20克米饭，60毫升清水（比例调控为1：3）。

做法：1. 将米饭捣碎后放入锅内并加清水。

2. 先用大火煮至水开后小火再煮，过程中用匙慢慢搅拌碎米饭粒。

第六节 中期辅食食谱

　　由于这一阶段的宝宝可以吃肉了，所以中期辅食食谱中多了好多肉类的泥和粥。此外，宝宝还能吃一些面糊、饭，食物种类更加丰富。

鸡肉泥

材料准备

鸡肉15克。

做法

1. 将鸡肉放入加有少许清水的锅里煮5分钟取出，剁成细末。
2. 将鸡肉放入搅拌机中搅成泥状。
3. 可以蒸煮后直接食用，也可以放在粥里或者加蔬菜泥一起烹饪后食用。

鸭肉泥

材料准备

鸭肉15克。

做法

1. 将鸭肉放入加有少许水的锅里煮5分钟取出，剁成细末。
2. 将鸭肉放入搅拌机中搅成泥状。
3. 可以直接烹饪后食用，也可以放在粥里或者加蔬菜泥一起烹饪后食用。

猪肉泥

材料准备
猪肉30克。

做法
1. 将猪肉放入加有少许水的锅里煮5分钟取出，剁成细末。
2. 将肉末放入搅拌机中搅成泥状。
3. 可以直接烹饪后食用，也可以放在粥里或者加蔬菜泥一起烹饪后食用。

鱼肉泥

材料准备
鲜鱼50克。

做法
1. 将鲜鱼洗净，去鳞、内脏。
2. 将收拾好的鲜鱼切成小块后放入水中煮。
3. 将鱼去皮、刺，研碎，用汤匙挤压成泥状，还可将鱼泥加入稀粥中一起喂食。

菠菜蛋黄粥

材料准备
菠菜3根，蛋黄1个，软饭1/2碗。

做法
1. 将菠菜洗净，用开水烫后切成小段，放入锅中，加少量清水熬煮成糊状备用。
2. 在蛋黄中加清水搅拌均匀后用滤勺过滤。
3. 把搅拌好的蛋黄、汤汁和软米饭放入锅里用大火煮。
4. 当水沸腾时把火调小，加入菠菜糊边搅边煮，一直到米饭煮烂为止。

胡萝卜甜粥

材料准备
大米2小匙，切碎过滤的胡萝卜汁1小匙。

做法
1. 把大米洗干净用水泡1~2小时，然后放入锅内用小火煮40~50分钟至烂熟。
2. 快熟时加入事先过滤的胡萝卜汁，再煮10分钟左右即可。

大米牛肉粥

材料准备
大米粥2匙，牛肉10克，洋葱5克，牛肉汤汁3/4杯。

做法
1. 牛肉用冷水洗净后擦干水，切成小粒。
2. 洋葱削皮后洗净，切成小粒。
3. 把牛肉放锅里炒，炒到半熟为止。
4. 把大米粥、洋葱粒、牛肉汤汁一起放锅里用大火煮。当水开始沸腾后把火调小，煮到大米粥熟烂为止，然后熄火。

鸡汤南瓜泥

材料准备

鸡胸脯肉20克，南瓜20克。

做法

1. 将鸡胸脯肉剁成泥状。南瓜去皮切小块。锅置火上，锅里放入一碗清水和鸡胸脯肉一起煮。另起锅，将南瓜蒸熟，并用小匙碾成泥。

2. 将鸡肉汤从一大碗熬成一小碗后，用消毒后的纱布将鸡肉颗粒过滤掉，再将鸡汤倒入南瓜泥中煮一会儿即可。

牛肉菜花粥

材料准备

大米2匙，牛肉10克，菜花5克。

做法

1. 将牛肉切成小粒；菜花切碎。

2. 把牛肉放锅里炒，炒到肉快熟时把大米、菜花粒和清水一起放入锅里用大火煮。

3. 当水沸腾后把火调小，煮到大米烂熟，然后熄火即可。

面糊糊汤

材料准备

面粉10克，冲好的配方奶50克，黄油5克。

做法

1. 将奶汁倒入锅内，用小火煮开，撒入面粉。
2. 调匀，再煮一下，并不停地搅拌。
3. 加入黄油，晾凉后即可。

鱼肉松粥

材料准备

大米2小匙，鱼肉松适量。

做法

1. 将大米淘洗干净，开水浸泡1小时，研磨成末，放入锅内，添水大火煮开，改小火熬至黏稠。
2. 加入鱼肉松调味，用小火熬几分钟即可。

虾肉泥

材料准备

虾肉15克。

做法

1. 将虾肉放入加有少许水的锅里煮5分钟后取出，剁成细末。
2. 将虾肉末放入搅拌机中搅成泥状。
3. 烹饪后可以直接食用，也可以放在粥里或者加少量蔬菜泥一起食用。

鸡肉蔬菜粥

材料准备

大米粥2小匙，鸡胸脯肉10克，菠菜10克，胡萝卜5克。

做法

1. 鸡胸脯肉用水煮，撇去汤里的油，保留汤汁备用，取10克鸡胸脯肉切成小粒。
2. 洗净菠菜，取菜叶部分用沸水焯一下，再切碎。
3. 胡萝卜削皮后洗净，切成小粒。
4. 把大米粥、胡萝卜粒和鸡肉汤汁放入锅里煮。
5. 水开调小火，将上述材料放入锅里边搅边煮，一直到大米粥烂熟为止。

鳕鱼冬菇粥

材料准备

鳕鱼20克，冬菇10克，洋葱5克，牛肉汤汁2/3杯，奶粉1大匙。

做法

1. 鳕鱼洗净后蒸熟，去掉鱼刺只取鱼肉部分，再切成小颗粒。
2. 冬菇只取茎部，洗净后再用沸水焯一下，切成小粒状。
3. 洋葱剥皮后洗净，切碎，把洋葱碎末、牛肉汤放入锅里用大火煮。
4. 当水烧开后转小火，将鳕鱼肉、冬菇粒放入锅里边搅边煮，一直到洋葱煮熟后，再加入调好浓度的奶粉一同煮即可。

乌冬面糊

材料准备

乌冬面10克,蔬菜泥适量。

做法

1. 将乌冬面倒入烧开的水中煮软捞起。
2. 煮熟的乌冬面与沸水一同倒入锅内捣烂,煮开。
3. 加入蔬菜泥即可。

苹果麦片粥

材料准备

苹果1/3个,麦片20克。

做法

1. 将水放入锅内烧开,放入麦片煮2~3分钟。
2. 把苹果用小匙背部研碎,然后放入麦片锅内,边煮边搅即可。

红薯泥

材料准备

红薯20克,苹果酱1/2小匙。

做法

1. 红薯削皮后用水煮软,用小匙捣碎。
2. 在红薯泥中加入苹果酱和温开水稀释。
3. 将稀释过的红薯泥放入锅内,再用小火煮一会儿即可。

栗子蔬菜粥

材料准备

大米粥2匙，栗子10克，红薯10克，西蓝花5克，海带汤150毫升。

做法

1. 红薯和栗子蒸熟后，去皮捣碎，西蓝花用开水烫一下后去茎部捣碎。
2. 把大米粥和海带汤倒入锅里大火煮开后，放入红薯、栗子、西蓝花再调小火充分煮开。

胡萝卜蘑菇粥

材料准备

大米20克，高粱米5克，松茸10克，胡萝卜、南瓜各5克，奶粉5克。

做法

1. 高粱米洗净后浸泡半天左右，浸泡时时常换水，直到浸泡不出红水为止。
2. 将大米浸泡1~2小时。
3. 松茸去茎部、去皮后捣碎，胡萝卜去皮后捣碎。
4. 南瓜蒸熟后去皮捣碎。
5. 把大米、高粱米、清水和奶粉倒入锅里搅拌，然后大火煮1小时后，放入南瓜、松茸、胡萝卜，再调小火充分煮开。

苹果土豆汤

材料准备

苹果1/4个，土豆1/4个，胡萝卜5克。

做法

1. 苹果去皮、子，土豆和胡萝卜去皮切碎，一起放入榨汁机搅碎。
2. 将苹果、土豆、胡萝卜的汁泥一同倒入锅里煮，直到变得黏稠即可。

鸡肝鸡汤饭

材料准备

鸡肝10克，鸡汤15克，软米饭1/2碗。

做法

1. 将鸡肝放入水中煮，除去血后再换水煮10分钟，取出剥去鸡肝外皮，将肝放入碗内研碎。
2. 将鸡汤放入锅内，加入研碎的鸡肝，再加入软米饭用大火煮。
3. 煮到大米软烂后熄火，搅拌均匀即可。

大枣泥

材料准备

大枣20克，白糖2克。

做法

1. 将大枣洗净，放入锅内，加入清水煮15～20分钟，至烂熟。
2. 去掉大枣皮、核，捣成大枣泥，用滤勺过滤一下。加入白糖，调匀即可。

牛奶豆腐

材料准备
豆腐1/3块，牛奶1/2杯，肉汤1大匙，碎菜末1匙。

做法
1. 将豆腐放热水中煮熟后过滤。
2. 锅置火上，将豆腐、牛奶和肉汤放在锅里煮，煮好后撒上碎菜末。

煮挂面

材料准备
挂面10克，鸡胸脯肉5克，胡萝卜1/10根，菠菜1根，高汤1杯，淀粉适量。

做法
1. 用高汤将胡萝卜和菠菜煮软；将鸡肉剁碎用淀粉抓好，放入汤中煮熟。
2. 将挂面煮熟，放入汤中煮2分钟即可。

胡萝卜西红柿汤

材料准备
胡萝卜1/3根，西红柿1/2个。

做法
1. 胡萝卜洗净去皮，研磨成泥。
2. 西红柿在温水中浸泡去皮，搅拌成汁。
3. 锅中放水，水沸后，放入胡萝卜泥和西红柿汁，用大火煮开后，改小火至熟透即可。

椰汁奶糊

材料准备

椰汁1/2杯，牛奶1小杯，栗子粉5小匙，大枣4颗。

做法

1. 椰汁、栗子粉搅拌均匀；大枣去核洗净。
2. 将牛奶、大枣加清水一同煮开，慢慢加入栗子粉浆，不停搅拌成糊状煮开，取其汤汁盛入碗中即可。

苹果胡萝卜汁

材料准备

胡萝卜1根，苹果1/2个。

做法

1. 将胡萝卜、苹果削皮后切成丁，放入锅内加适量清水一同煮10分钟。
2. 稍凉后用消毒后的纱布过滤掉渣子，再取汁即可。

蛋花鸡汤烂面

材料准备

鸡蛋1个，细面条少许，鸡汤1/2杯。

做法

1. 将鸡汤倒入锅里烧开，放入面条煮软。
2. 将鸡蛋搅成糊。
3. 将鸡蛋糊慢慢倒入煮沸的面条中，将面条煮烂即可。

双花稀粥

材料准备

大米40克，菜花、西蓝花各15克，黑木耳10克，鸡蛋1个。

做法

1. 将菜花、西蓝花、黑木耳切成碎末；鸡蛋搅成糊。
2. 锅置火上，将米饭和清水放入锅中，煮沸后调小火煮稠；慢慢加入蛋糊，边加边搅；再加入菜花、西蓝花、黑木耳继续煮烂即可。

香蕉蜜奶

材料准备

香蕉1/3根，牛奶1/2杯，婴儿蜂蜜1小匙。

做法

1. 将香蕉切碎碾成泥。
2. 锅置火上，将牛奶放入锅里，用小火煮开，加香蕉泥搅拌，加婴儿蜂蜜拌匀即可。

豆腐泥

材料准备

豆腐1/4块。

做法

1. 锅置火上,将清水放在锅里,将水煮沸。
2. 锅里加入碾碎的豆腐即可。

豆腐粥

材料准备

豆腐1/4块,米饭1/3碗,肉汤1/2杯。

做法

1. 将豆腐切成小块。
2. 锅置火上,将米饭、肉汤、豆腐块和清水一同放入锅里煮,煮至黏稠即可。

水果豆腐

材料准备

豆腐1/4块,香蕉1段,草莓1个。

做法

1. 将豆腐放入开水中煮沸,捞出碾碎放入盘中。
2. 将香蕉、草莓切碎,将水果碎块放在豆腐上即可。

奶酪粥

材料准备

大米粥1碗，奶酪5克。

做法

1. 将奶酪切成小块。

2. 粥煮开，将奶酪块放入粥中，等奶酪溶化后关火即可。

鸡肉末碎菜粥

材料准备
大米粥1/2碗，鸡肉末1/2大匙，碎青菜1大匙，植物油少许。

做法
1. 锅置火上，放入少量植物油，烧热，将鸡肉末放入锅内快炒。
2. 将碎青菜放进鸡肉末中一起炒，炒熟后再放入大米粥中煮开即可。

菠菜土豆肉末粥

材料准备
菠菜2根，土豆1个，大米粥1/2碗，熟肉末1/2大匙，高汤适量。

做法
1. 菠菜洗净，用开水烫一下，剁碎成泥。
2. 土豆蒸熟后用匙压成泥。
3. 锅置火上，将大米粥、熟肉末、菠菜泥、土豆泥及高汤放入锅内，小火烧开煮烂即可。

南瓜红薯玉米粥

材料准备
玉米面2匙，红薯1/2个，南瓜50克。

做法
1. 玉米面用冷水调匀。红薯和南瓜切成小丁。
2. 锅置火上，将玉米面、红薯丁、南瓜丁一起倒入锅中煮烂即可。

PART 5

辅食添加后期

（10～12个月）

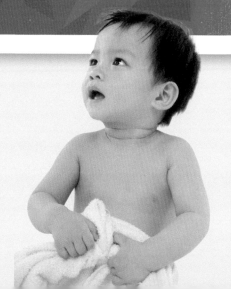

第一节 10~12个月宝宝的变化

10~12个月的宝宝越来越独立了，每个月的变化都让人觉得充满惊喜，妈妈们快来看看宝宝会有哪些惊人的变化吧。

💡 10个月的宝宝

1. 能独站10秒钟左右。
2. 成人拉着宝宝双手他可走上几步。
3. 穿脱衣服能配合成人。
4. 能用手指着自己想要的东西。
5. 喜欢拍手。
6. 可以打开盖子。
7. 宝宝会用手指着他想要的东西说"拿"。

💡 11个月的宝宝

1. 体型逐渐转向幼儿模样。
2. 牵着宝宝的手他就可以走几步。
3. 可以自己把握平衡站立一会儿。
4. 可以自己拿着画笔。
5. 能用整只手掌握笔在白纸上画出道道。
6. 向宝宝要东西他可以松手。

💡 12个月的宝宝

1. 宝宝能独自走，并且走得很好。
2. 能站着朝成人扔球。
3. 能自己从瓶中取出小丸。
4. 能用笔在纸上乱画。
5. 把图画书或者卡片给宝宝，宝宝能按要求用手指对一张图画。
6. 会自己用匙吃饭。
7. 能区分自己和异性的身体。

第二节　开始添加后期辅食

辅食添加后期的宝宝对能量的需求越来越大了，根据宝宝身体的反应，爸爸妈妈可以适当添加块状食物以及之前可能会过敏的食物。

宝宝的活动量会在10个月大后快速增加，但是食量却未随之增长。因此宝宝活动的能量已经不能光靠母乳或者配方奶来补充了，这个时候应该添加一定块状的后期辅食来补充宝宝必需的能量了。

● 对于成人食物有了浓厚的兴趣 ●

很多宝宝在10个月大后开始对成人的食物产生浓厚的兴趣，这也是他们自己独立用小匙吃饭或者用手抓东西吃的欲望开始表现明显的时候了。一旦看到宝宝开始展露这种情况，父母应该使用更多的材料和方法，来喂食宝宝。在辅食添加后期，可以尝试喂食宝宝过去因过敏而未食用过的食物了。

● 正式开始抓匙的练习 ●

表现出开始独立的欲望，自己愿意使用小匙。也对成人所用的筷子感兴趣，想要学使筷子。即使宝宝使用不熟练，也该多给他们拿小匙练习吃饭的机会。宝宝初期使用的小匙应该选用像冰激凌匙一样手把处平平的。

> **→ 出现异常排便应暂停辅食**
>
> 宝宝的舌头在10个月大后开始活动自如，能用舌头和上腭碾碎食物后吞食，虽然还不能像成人那样熟练地咀嚼，但已可以吃稀饭之类的食物。但即便如此，突然开始吃块状的食物，还是可能会出现消化不良的情况。如果宝宝的粪便里出现未消化的食物块时，应该放缓添加辅食进度，再恢复喂食细碎的食物，等到粪便不再异常后恢复原有进度。

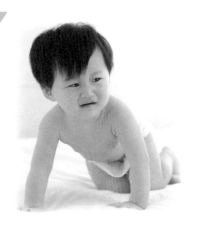

第三节 添加后期辅食需谨慎

宝宝辅食后期要正式形成一日三餐按时吃饭的习惯，而且要开始把辅食当主食。同时，也要开始正式锻炼宝宝的咀嚼能力。

添加后期辅食要注意

1岁大的宝宝在喂食辅食方面已经省心许多了，不像过去那样脆弱，很多食物都可以喂了，但是妈妈也不可大意，须随时留意宝宝的状态。

·这个时间段仍需喂乳品·

宝宝在这个时期不仅活动量大，新陈代谢也旺盛，所以必须保证充足的能量。喝一点儿母乳或者配方奶不仅能补充大量能量，而且能补充大脑发育必需的脂肪，所以这个时期母乳和配方奶还是必需的。配方奶可喂到1岁，母乳的时间可以更长。建议母乳喂养可到两周岁。即使宝宝在吃辅食也不能忽视喂母乳，一天应喂母乳或者配方奶3～4次，共600～700毫升。

·每天3次的辅食应成为主食·

若是中期已经有了按时吃饭的习惯，那现在则是正式进入一日三餐按时吃饭的时期。此时开始要把辅食当成主食。逐渐提高辅食的量以便得到更多的营养，一次至少补充两种以上的营养群。不能保障每天吃足五大食品群的话，也要保证2～4天均匀吃全各种食品。

🔘 如何添加后期辅食

要养成宝宝一日三餐的模式，每天需要进食6次左右：早晚各2次奶，辅食添加4次。不仅要喂食宝宝糊状的食物，也要及时喂固体食物，以便能及时锻炼宝宝的咀嚼能力，从而更好地向成人食物过渡。

•先从喂食较黏稠的粥开始•

宝宝一天2～3次的辅食已经完全适应，排便也看不出来明显异常，足以证明宝宝做好了过渡到后期辅食的准备。从9个月大开始喂食较稠的粥，如果宝宝不抗拒，可改用完整大米熬制的粥。蔬菜也可以切得比以前大些，切成5立方毫米大小，如果宝宝吃这些食物也没有异常，证明可以开始喂食后期辅食了。

•食材切碎后再使用•

这个阶段是开始练习咀嚼时期。不用磨碎大米，应直接使用。其他辅食的各种材料也不用再捣碎或者碾碎，一般做成3～5立方毫米大小的块即可，但一定要煮熟，这样宝宝才能容易用牙床咀嚼并且消化那些纤维素较多的蔬菜。使用那些柔嫩的部分给宝宝做辅食，这样既不会引起宝宝的抵抗，也不会引起腹泻。

•使用专用餐椅•

宝宝除了使用专用的儿童餐具以外，还要在固定的位置进餐。

第四节 后期辅食食材

后期辅食食材的种类又更丰富了呢，一些容易引起过敏的食物如虾等也可以尝试给宝宝食用了，只是需要谨慎。

面粉

10个月大的宝宝就可以喂食用面粉做的疙瘩汤了。为避免过敏，过敏体质的宝宝应该在1岁后开始喂食。做成面条剪成3厘米大小放在海带汤里，宝宝很容易就会喜欢上它。

西红柿

含有丰富的维生素C和钙。不要一次食用过多，以免便秘。去皮后捣碎，然后用筛子滤去纤维素，再冷冻。使用时可取出和粥一起食用或者当零食喂。

虾

富含蛋白质和钙，但尤其容易引起过敏，所以越晚喂食越好。过敏体质的宝宝则至少1岁大以后喂食。去掉背部的虾线后洗净，煮熟捣碎喂食。

葡萄

富含维生素B_1和维生素B_2，还有铁，均有利于宝宝的成长发育。3岁以前不能直接喂食宝宝葡萄粒，应捣碎以后再用小匙一口口喂。

鹌鹑蛋黄

含有3倍于鸡蛋黄的维生素B_2，宝宝10个月大开始喂蛋黄，1岁以后再喂蛋白。若是过敏儿，则需等到1岁后再喂蛋黄。煮熟后较为容易分开蛋白和蛋黄。

红豆

若宝宝胃肠功能较弱，则应在1岁以后喂食。一定要去除难以消化的皮。可以和有助于消化的南瓜一起搭配食用。

猪肉

应在1岁后开始喂食油脂含量高的猪肉。它富含蛋白质、维生素B$_1$和矿物质。肉质鲜嫩，容易消化吸收。制作辅食时先选用里脊，后期再用腿部肉。

鸡肉

有益于肌肉和大脑细胞的生长。可给1岁以后的宝宝喂食鸡的任意部位。但油脂较多的鸡翅尽量推迟几岁后吃。去皮、脂肪、筋后切碎，加水煮熟后喂食。

面包

用于制作原料的鸡蛋、面粉、牛奶等都容易导致过敏，所以1岁前最好不要喂食。过敏体质的宝宝更要征求医生意见后再食用。应去掉边缘后烤熟再喂，不烤直接喂食容易使面包粘到上腭。

黄油

易敏儿应在其适应了牛奶后再行尝试黄油。购买时选用天然黄油，才不需担心摄入脂肪过多。选择白色无添加色素的。用黄油制作的辅食尤其适合体瘦或发育不良的宝宝。

→ 一眼分辨常用食物的黏度

大米：不用磨碎大米，直接煮3倍粥，也可以用米饭来煮。

鸡胸脯肉：去掉筋煮熟后捣碎。

苹果：去皮切成5立方毫米大小的块。

油菜：用开水烫一下后，菜叶切成长5毫米的碎片。

胡萝卜：去皮切成5立方毫米大小的块。

海鲜：去皮蒸熟，然后去骨撕成5立方毫米大小。

第五节 后期辅食中粥的煮法

后期辅食中的粥可以继续加稠，泡米煮粥和大米饭熬粥的具体食材比例和做法具体参照以下食谱。

泡米煮粥

原料：30克泡米。

做法：1. 把水和泡米放入锅中用大火烧开。

2. 水开后再换用小火熬。

3. 一边用木匙搅拌一边小火熬至粥熟。

大米饭煮粥

原料：20克熟米饭。

做法：1. 把水和米饭放进小锅。

2. 开始用大火煮，水开后再用小火熬熟。

第六节 后期辅食食谱

辅食后期，宝宝能吃的食物越来越多，爸爸妈妈就可以变换出更多花样啦，例如饼、馒头、面包、馄饨、饺子等。

土豆萝卜粥

材料准备

大米粥1碗，土豆10克，胡萝卜5克，海带汤100毫升。

做法

1. 土豆和胡萝卜去皮后切成小块。
2. 把大米粥、土豆、胡萝卜和海带汤倒入锅里大火煮开，再调小火煮。

红薯冬菇粥

材料准备

大米粥1碗，红薯20克，西葫芦10克，冬菇5克。

做法

1. 冬菇用开水烫一下后捣碎。
2. 红薯和西葫芦去皮并切成小块。
3. 把大米粥、冬菇、红薯、西葫芦加清水放入锅里大火煮开，再调小火煮。

牛肉豆腐饼

材料准备

牛肉20克，豆腐20克，洋葱10克，菠菜10克，蛋黄1个，面粉1大匙，植物油少许。

做法

1. 牛肉用冷水洗净后擦干水，切成小粒。
2. 豆腐用凉水浸泡20分钟，按适当的大小切成块，在沸水里焯一下，再用漏勺捞出来，沥干水分后捣碎。
3. 洋葱洗净后剥皮，切成碎末。
4. 菠菜洗净，只取嫩叶部位，在沸水里焯一下，捞出来沥干水分后捣碎。
5. 把加工好的牛肉、豆腐、洋葱、菠菜、蛋黄、面粉加清水搅拌均匀。
6. 用干净的布蘸植物油在锅里抹一遍，等油热时把搅拌好的材料放到锅里烙成饼。

三文鱼饭

材料准备

大米饭1/2碗，三文鱼30克，南瓜10克，洋葱5克，汤汁1/2杯。

做法

1. 洗净的三文鱼蒸熟后剥皮，把肉切成5立方毫米大小的肉丁。
2. 南瓜洗净后削皮，去掉南瓜子，切成小块再研磨。
3. 洋葱洗净后剥皮，切成5立方毫米大小的块。
4. 将大米饭、三文鱼、洋葱和南瓜放在锅里一起搅拌，再把汤汁加到锅里一起煮。
5. 当水开始沸腾时把火调小，边搅边煮直到黏稠为止。

蛋包饭

材料准备

大米饭1/2碗，牛肉20克，黑木耳10克，胡萝卜1/5根，蛋黄1个，洋葱汁1小匙，香油、海带汤各适量。

做法

1. 牛肉切成5立方毫米大小的粒，再放些洋葱汁和香油，搅拌均匀后放在锅里炒。
2. 黑木耳洗净后切成细丝，再用水清洗后研磨。
3. 胡萝卜削皮后洗净，再研磨成碎末。
4. 先在锅里放适量香油，加黑木耳和胡萝卜炒一会儿，再把牛肉放到锅里一起炒。
5. 熟到一定程度时把蒸好的饭和海带汤放入锅里煮，一直到饭熟烂为止。
6. 蛋黄搅拌好后做成鸡蛋饼，再把炒好的饭包起来。

鸡肉丸子汤

材料准备

鸡胸脯肉30克，菜花10克，洋葱10克，胡萝卜5克，淀粉和香油各少许，鸡汤汁100毫升。

做法

1. 鸡胸脯肉洗净后用水煮熟，然后捞出来切成小块，鸡汤撇去油盛到别的碗里。
2. 菜花洗净，取花朵部分用沸水焯一下，切成小块。
3. 洋葱和胡萝卜洗净，再切成小块。
4. 淀粉1大匙和水1大匙混在一起后做成水淀粉。
5. 把鸡胸脯肉、洋葱、菜花、胡萝卜、少许香油和水淀粉搅拌好，捏成直径为两厘米大小的丸子。
6. 把做好的丸子和鸡汤放入锅里煮熟即可。

玉米南瓜粥

材料准备
大米粥1/2碗，南瓜15克，玉米粒10克。

做法
1. 玉米粒用开水烫一下后捣碎。
2. 南瓜去皮、子，切成5立方毫米大小。
3. 把大米粥、玉米粒、南瓜加清水放入锅里大火煮开，再调小火煮。

卷心菜西蓝花汤

材料准备
卷心菜10克，西蓝花10克，洋葱5克，面粉1大匙，植物油少许。

做法
1. 卷心菜捣碎；洋葱去皮切碎；西蓝花捣碎。
2. 煎锅里放植物油，将所有菜放入炒熟。
3. 面粉加在水中搅匀后倒在煎锅中，充分搅拌后用大火煮一段时间，然后调小火用小匙边搅拌边煮。

杂米豌豆粥

材料准备
大米30克，小米10克，豌豆10克，栗子10克，萝卜5克。

做法
1. 小米用水浸泡30～60分钟；豌豆煮熟后去皮捣碎。
2. 栗子和萝卜去皮后切成5毫米大小。
3. 把大米、小米、豌豆、栗子和萝卜加上清水放入锅里并用小火充分煮开。

蛋黄米粉糊

材料准备
鸡蛋1个，肉汤5匙，米粉1匙。

做法
1. 将鸡蛋煮熟，取蛋黄，捣碎。
2. 锅置火上，将蛋黄、米粉和肉汤放入锅中用小火边煮边搅，待呈稀糊状时倒入碗里冷却即可。

双色泥

材料准备
香蕉1/2根，西红柿1/3个。

做法
1. 用小匙将香蕉碾成泥状。
2. 将西红柿用开水烫一下，剥去皮，碾碎。
3. 将两种果泥混合搅匀即可。

蔬菜面线

材料准备
白菜嫩叶1/2片，菠菜叶1片，胡萝卜1厘米厚圆片1片，面线50克。

做法
1. 将面线折成适当长度；胡萝卜切成细长条状，并将白菜及菠菜剁碎。
2. 将水加热至沸腾后，放进面线及胡萝卜煮至熟软。
3. 再加进白菜及菠菜，待菜叶煮至熟软后即可。

土豆沙拉

材料准备

土豆1/2个，胡萝卜1/5个，蛋黄1/2个，黄瓜1/4个。

做法

1. 土豆和胡萝卜去皮切成适当大小后煮熟，然后沥水捣碎。
2. 将蛋黄捣碎。
3. 搓净黄瓜表面的刺后带皮切成丝，捣碎。
4. 将上述材料放在一起搅拌均匀即可。

法国吐司

材料准备

面包1/4片，蛋黄1/2个，牛奶3大匙，黄油1/3小匙。

做法

1. 面包切成3等份。在碗里加入蛋黄、牛奶拌匀，浸泡面包。
2. 在平底锅上加热黄油，然后加入已被蛋黄、牛奶浸泡的面包，两面煎。
3. 煎熟后盛在碗里即可。

芋头粥

材料准备

芋头20克，大米粥1碗。

做法

1. 将芋头洗净去皮，大火炖。
2. 用匙子的背部把芋头碾碎。
3. 将碾碎的芋头与大米粥一同放入锅内，用小火煮一会儿即可。

奶酪炒鸡蛋

材料准备
婴儿奶酪1/4片，黄油1小匙，蛋黄1个，牛奶50毫升，植物油少许。

做法
1. 捣碎婴儿用奶酪。
2. 黄油蒸化后和奶酪、蛋黄、牛奶液一起充分搅拌。
3. 煎锅里放植物油烧热，放入上述食材，用木匙边搅边炒，炒熟后关火取出即可。

营养鸡汤

材料准备
大米粥30克，鸡胸脯肉15克，大枣、栗子各10克，鸡汤100毫升。

做法
1. 鸡胸脯肉和大枣加鸡汤煮熟后，捞出鸡胸脯肉和大枣捣碎，另存鸡汤。
2. 栗子去皮后捣碎。
3. 把大米粥、鸡胸脯肉、大枣、鸡汤、栗子倒入锅里小火充分煮开。

白菜丸子汤

材料准备
牛肉50克，洋葱、白菜各10克，胡萝卜5克，牛肉汤1碗。

做法
1. 牛肉和洋葱捣碎后充分搅拌，然后做成直径1厘米大小的丸子。
2. 白菜、胡萝卜切成片。
3. 把牛肉汤倒入锅里煮开，再放入丸子。
4. 等丸子煮熟后放入切好的白菜和胡萝卜充分煮开。

酱汁面条

材料准备
细面条50克，葱末、植物油各少许。

做法
1. 锅置火上，将植物油放入锅里烧热，放入葱末炒香后加水煮开。
2. 水开后放入面条煮软即可。

什锦烩饭

材料准备
牛肉末3匙，胡萝卜1/5根，土豆1/3个，豌豆4粒，牛肉汤1碗，大米两匙，鸡蛋1个。

做法
1. 将胡萝卜、土豆削皮，切碎。
2. 将鸡蛋煮熟，取蛋黄。
3. 将大米、牛肉末、胡萝卜、土豆、牛肉汤、豌豆一同放入焖饭锅焖熟。
4. 将煮熟的蛋黄加入饭中搅拌即可。

担担面

材料准备
龙须面30克，葱末少许，熟肉末1匙，肉汤3匙，植物油适量。

做法
1. 锅置火上，将植物油放入锅里烧热，放入葱末炒香，加熟肉末拌匀。
2. 锅里加清水煮开后放入龙须面，待龙须面煮烂后捞起放入碗里。
3. 将肉汤加热，再将面条放入汤中，撒上肉末即可。

肉馅儿饼

材料准备

肉末、葱末各1匙，鸡蛋1个，植物油少许。

做法

1. 将肉末、葱末搅成肉馅儿再放到锅里炒熟，盛出。
2. 将鸡蛋搅打成糊。
3. 锅内加植物油加热，倒入鸡蛋糊，摊成蛋饼，放在盘中。
4. 把肉馅儿放在蛋饼上，将蛋饼两边翻起盖在馅儿上即可。

虾皮碎菜包子

材料准备

虾皮5克，小白菜2根，鸡蛋2个，自发面粉少许。

做法

1. 将虾皮用温水洗净，泡软后切碎。
2. 将鸡蛋炒熟、打散。
3. 小白菜洗净后用热水烫一下，切碎。
4. 将虾皮、鸡蛋、小白菜一同调成馅儿料。
5. 自发面粉和好，略醒，包成小包子，上笼屉蒸熟即可。

虾皮肉末青菜粥

材料准备
虾皮5克，瘦肉末2匙，油菜20克，葱花、植物油各少许，大米1匙。

做法
1. 将虾皮、油菜分别洗净，切碎。
2. 锅置火上，锅内放适量植物油，放瘦肉末煸炒，再放虾皮、葱花炒匀，添入适量清水烧开，然后放入大米煮烂，再放油菜末略煮片刻即可。

玲珑馒头

材料准备
面粉2匙，发粉少许，牛奶50毫升。

做法
1. 将面粉、发粉和牛奶和在一起揉成面团，放入冰箱15分钟后取出。
2. 将面团切成若干份，每份均揉成小馒头；将小馒头放入上汽的笼屉蒸15分钟即可。

鲜肉馄饨

材料准备
瘦肉末1匙，葱末少许，馄饨皮3张，肉汤2匙，紫菜适量。

做法
1. 将瘦肉末、葱末拌成肉馅儿。
2. 把肉馅儿包在馄饨皮里。
3. 将馄饨放入肉汤里煮熟，再撒上紫菜即可。

迷你饺子

材料准备

猪肉末1匙，冬菇1个，葱末少许，小饺子皮10张。

做法

1. 将冬菇切碎。
2. 将冬菇、猪肉末和葱末一同调成饺子馅儿。
3. 用饺子皮将肉馅儿包起来。
4. 锅里煮开水后下饺子，煮熟即可。

鸡丝面片

材料准备

鸡肉片30克，面片2片，油菜心20克，姜1片。

做法

1. 将鸡肉片和姜一同加清水煮烂，捞出后用手将鸡肉片撕成细丝，放回鸡汤锅里继续煮。
2. 将面片放入鸡汤锅里一同煮。
3. 将油菜心洗净，切碎，也放入鸡汤锅煮熟即可。

肉末蒸卷心菜

材料准备

猪肉末1匙，卷心菜叶1片，葱末少许，植物油适量。

做法

1. 将卷心菜洗净，放在盘上。
2. 锅置火上，把植物油倒入锅里加热，倒入葱末炒香。
3. 将猪肉末下入锅里炒熟，再把猪肉末倒在卷心菜上，放蒸锅里蒸，上汽后蒸3～5分钟即可。

三色肝汤

材料准备

猪肝25克，胡萝卜、西红柿、油菜各10克，肉汤适量。

做法

1. 把猪肝去筋膜后绞为泥状；油菜切成细末；胡萝卜去皮、切碎；西红柿略烫，捞出去皮，切碎。
2. 将上述材料一起放入肉汤中煮沸，搅匀后即可。

八宝粥

材料准备

大米20克，葡萄干、花生米、大枣、绿豆各5克。

做法

1. 将大米泡好入锅蒸熟；将葡萄干、花生米捣碎；将绿豆泡好并蒸熟。
2. 将已准备好的葡萄干、花生米、大枣加清水一起放入锅里煮，当水开始沸腾后把火调小，再把蒸过的大米饭和蒸熟的绿豆放入锅里边搅边煮。

鸡蛋面片汤

材料准备

面粉100克，鸡蛋1个，菠菜20克，酱油少许。

做法

1. 将鸡蛋打散；将面粉放入盆内，加入蛋液，和成面团，擀成薄片，再切成小片。
2. 菠菜洗净，切成末。
3. 锅置火上，倒入适量清水烧开，然后把面片下锅，煮好后，加入菠菜末、酱油即可。

鱼肉丸子

材料准备

草鱼肉50克，鸡蛋1个，葱姜末、香油、香菜、淀粉各适量。

做法

1. 将草鱼肉剁成鱼泥放在碗里，加入打散的鸡蛋，再加入少许淀粉团成丸子。
2. 锅置火上，加入清水，在水没开时下鱼丸，煮约30分钟。
3. 另起锅，用葱姜末爆香，加入鱼丸汤、香油、香菜即可。

鸡汤面条

材料准备

熟鸡肉100克，鸡汤100毫升，细切面50克。

做法

1. 将熟鸡肉切成小碎块。
2. 锅置火上，将鸡肉块放入鸡汤中用中火煮8分钟。
3. 另起锅，将面条放入清水中煮熟，再加鸡汤调味，小火煮2分钟。面条盛到碗里再撒上鸡肉碎块即可。

冬瓜虾米汤

材料准备

冬瓜100克，虾米5克，葱末少许。

做法

1. 冬瓜洗净，去皮，切薄片；虾米用水泡软。
2. 锅置火上，下入冬瓜片翻炒2分钟后，加入清水烧开，加入虾米再次烧开后加入葱末即可。

三鲜饺子

材料准备
饺子皮10张，鸡胸脯肉30克，虾肉、韭黄各20克，香油、鲜汤各少许。

做法
1. 将鸡胸脯肉、虾肉剁成泥，韭黄切碎，加入香油和少许鲜汤搅匀成馅儿。
2. 一手托皮，一手抹馅儿，捏成饺子。
3. 锅置火上，加水烧开，放饺子煮熟即可。

小米绿豆粥

材料准备
绿豆1匙，大米2匙。

做法
1. 将大米、绿豆提前浸泡，用时再沥干水分。
2. 锅置火上，加清水烧开，倒入大米煮沸后再倒入绿豆。
3. 转小火慢慢煮，等到绿豆开花，粥变黏稠即可。

煎蛋

材料准备

鸡蛋1个，植物油少许。

做法

1. 锅置火上，将植物油烧热。

2. 将鸡蛋打入锅中，摇锅防止粘锅。

3. 转小火，用小火将鸡蛋翻面煎会儿即可。

猪肝萝卜泥

材料准备

猪肝50克，豆腐1/2块，胡萝卜1/4根。

做法

1. 锅置火上，加清水烧热，加入猪肝煮熟，捞出之后用匙刮碎。

2. 胡萝卜蒸熟后压成泥。

3. 将胡萝卜和猪肝合在一起，放在锅里再蒸一会儿即可。

红薯粥

材料准备

红薯1/2个，大米粥1/2碗。

做法

1. 将红薯蒸熟。
2. 将红薯、大米加适量清水一起煮成粥即可。

炖排骨

材料准备

排骨2块，姜、葱、大料各适量，醋少许。

做法

1. 将排骨洗净切成小块。
2. 加清水、姜、葱、大料、少量的醋，用高压锅煮30~40分钟即可。

肉末茄泥

材料准备

茄子1/3个，瘦肉末1匙，水淀粉少许，蒜1/4瓣。

做法

1. 将蒜瓣剁碎，加入瘦肉末中，用水淀粉搅拌均匀，腌20分钟。
2. 茄子顺切1/3，取带皮部分较多的那半，茄肉部分朝上放碗内。
3. 将腌好的瘦肉末放在茄肉上，上锅蒸烂即可。

PART **6**

辅食添加结束期

（13~15个月）

第一节 13~15个月宝宝的变化

这个阶段，宝宝慢慢可以走路了，模仿能力越来越强，还会想要自己拿匙吃饭等。

💡 13个月的宝宝

1. 遇到不喜欢做的事会摇头。
2. 能够清楚自己的五官在哪儿。
3. 听到音乐会跟着扭动跳舞。
4. 晚上排尿的次数少了。
5. 能够把东西从小盒子里面取出来，然后还能够放回去。
6. 可以自己爬上一些矮的物体。
7. 能够自己蹲下，然后转为坐着。

💡 14个月的宝宝

1. 走起路来还不太稳，时而会摔跤。
2. 能够模仿一些动物的叫声。
3. 能够听懂更多的话了，认识的东西也更多了。
4. 有时生气了会打人。
5. 能够看成人的脸色了，对他严肃的时候他会害怕。
6. 会坐在自己的小腿上。
7. 当遇到成人说的话听不懂时，他会摇头。
8. 开始喜欢吃自己的小脚了。

💡 15个月的宝宝

1. 走起路来稳多了。
2. 能够自己从矮的床上爬到地上。
3. 宝宝对身体各个器官的位置更加了解了。
4. 开始学会飞吻了。
5. 能够自己拿小匙吃饭了，但会弄得到处都是。
6. 会自己拿着玩具电话模仿打电话了。
7. 能够看懂一些儿童书了，还会模仿书中的故事做动作。

第二节　添加结束期辅食需谨慎

该阶段的宝宝对辅食的接受度更广了，但仍不能喂食与成人一样的饭菜，最好少调味。此时辅食的量要适当增加，且每天有两次加餐。

● 添加结束期辅食要注意

大多1岁大的宝宝已经长了6～8颗牙，咀嚼的能力进一步加强，消化能力也好了很多。所以食物的形式上也可以有更多的变化。

● 最好少调味 ●

盐跟酱油等调味品在宝宝1岁后已经可以适量使用了，但在15个月以前还是尽量吃些清淡的食物。很多食材本身已经含有盐和糖类，没必要再调味。宝宝若是嫌食物无味不愿意吃时，可以适量加一些大酱之类的调料。给汤调味时可以用酱油或者鱼、海带来调味。因为宝宝一旦习惯甜味就很难戒掉，所以尽量避免在辅食中使用白糖。

● 不要过早喂食成人的饭菜 ●

宝宝所吃的食物也可以是饭、菜、汤，但是不能直接喂食成人的食物。喂给宝宝吃的饭要软、汤要淡，菜也要不油腻、不刺激才可以。若是单独做宝宝的饭菜不方便的话，也可以利用成人的菜，但应该在做成人食物时，放置调料之前先取出宝宝吃的量。喂食的时候弄碎再喂以免卡到宝宝的喉咙。

● 不必担心进食量的减少 ●

即使以前食量较好的宝宝，到了1岁时也会出现不愿吃饭的现象。不但饭量减少了，而且体重也不继续增加，尤其是出生时体重较高的宝宝更易提早出现这种情况。这时期不必太担心宝宝食欲缺乏和成长减缓，这是骨骼和消化器官发育过程中出现的自然现象，只需留意是否因错误的饮食习惯造成的就可以。

💡 如何添加结束期辅食

宝宝长到1岁以后就可以过渡到以谷类、蔬菜水果、肉蛋、豆类为主的混合饮食了，但早晚还是需要喂奶。

● 将食物切碎后再喂 ●

即使宝宝已经能够熟练咀嚼和吞咽食物了，但还是要留心块状食物的安全问题。能吃块状食物的宝宝很容易因吞咽大块食物而导致窒息。水果类食物可以切成1厘米厚度以内的棒状，让宝宝拿着吃。较韧的肉类食物，切碎后充分熟透再食用。滑而易咽的葡萄之类的食物应捣碎后喂食。

● 每次120~180克为宜 ●

喂乳停止后主要依靠辅食来提供相应的营养成分。所以不仅要有规律的一日三餐，而且要加量。每次吃一碗（婴儿用碗）最为理想。每次吃的量因人而异，但若是距离平均值有很大差距，就应该检查一下宝宝的饮食是不是出现了问题。不少时候，喝过多的奶或没完全换乳会使食量不增。

● 每天喂食两次加餐 ●

随着宝宝需求营养的增加，零食也成为不可或缺的部分。这段时期每天喂食两次零食为佳，早餐与午餐之间、午餐和晚餐之间各一次。在时间间隔较长的上午，可以选用易产生饱腹感的红薯或土豆，间隔较短的下午可选用水果或奶制品。最好避免喂食高热量、含糖高、油腻的食物。摄入过多的零食会影响正常饮食，需留意。

第三节 适合结束期辅食食材

该阶段宝宝能吃的食物越来越多，爸爸妈妈可以让其尝试各种各样不同的食物，从而培养宝宝良好的饮食习惯。

薏米

宝宝1岁以前不宜食用这种不易消化且易过敏的食物。但它较其他谷类更利于排除体内垃圾和促进新陈代谢。可用有机薏米粉加蜂蜜喂食。

韭菜

富含蛋白质、维生素A、脂肪和糖。能够帮助消化吸收肉类，具备润肠作用。但味道较浓，1岁后喂食较佳。搭配牛肉或猪肉食用。初次食用应少量。

西红柿

能预防疾病，但其酸性较大，所以不能在1岁前喂食。要注意吃完西红柿后易出现口边发疹。适合用橄榄油炒着吃，容易吸取其脂溶性的有益成分。

牛肉

铁的含量极高，有益于预防缺铁性贫血。两周岁前应经常喂食。使用煮熟的牛排，做汤时选用牛腿肉。

面食

刀切面、意大利面都可以喂食。应教会宝宝怎么吃，避免他们不加咀嚼直接吞咽。

茄子

使用植物油配餐能够充分汲取不饱和脂肪酸和维生素E。应两周岁后喂食，避免接触性皮炎。冷藏会变质，所以应去水后用纸包装，常温下保存。

芋头

富含B族维生素、蛋白质、钙等营养成分。适合与肉类搭配食用，能够帮助消化。淘米水煮食芋头可有效去除芋头里的毒性还有黏稠成分所带的涩味。

菠萝

富含维生素C、果糖、葡萄糖等营养成分。搭配肉类食用，可帮助消化。带叶保存时，将叶子向下放置，这样有助于甜味散发在全部果肉中，味道愈加鲜美。

杧果

维生素A含量高，果肉鲜嫩，宝宝十分喜爱吃。但可能含有防腐剂和农药，不宜1岁前食用。选择表面光滑无黑斑的杧果，可以放入保鲜袋内冷藏1周左右。

草莓

一天所需的维生素C可靠6~7粒草莓补充，但容易引起过敏，不宜1岁前喂食。白糖易破坏其中的B族维生素，不要配合食用，牛奶也不适合一起喂食。

鱿鱼

肉质坚韧、不易消化，宜1岁以后再喂食。鱿鱼干较咸，不宜喂食3岁以下的宝宝。如对鱿鱼过敏，那么也不要喂食章鱼。应在高温下快速蒸熟后食用。

柠檬

富含维生素E，较浓的香味和较多的酸，易引起过敏，不宜喂食不到1岁的宝宝。切成适当大小或者榨汁，可以保存1个月左右。

猕猴桃

富含维生素C、钾、钙、叶酸等营养成分。但其酸含量高，易过敏，因此2周岁以前可少量喂食甜味较大的猕猴桃，不完全蒸熟后再喂食。

蜂蜜

其中的腊肠杆菌被肠黏膜吸收后容易引起食物中毒，轻者出现便秘，严重者甚至会呼吸困难。1岁以后喂食，需要加清水稀释或者添加到其他食物里食用。

核桃仁

　　富含营养大脑和坚固骨骼的脂肪酸。但核桃皮容易导致过敏，也可能引起窒息。所以不宜喂食1岁以前的宝宝。用水浸泡核桃后，使用牙签去皮磨碎后冷冻保存备用。

蛋清

　　其优质高蛋白有助于宝宝发育，但也有较高的过敏成分，1岁前的宝宝不宜食用。煮熟后捣碎混合鸡蛋黄一起喂食，每周3个为宜。

牛奶

　　应在13个月后喂食。对于牛奶过敏的宝宝，奶酪及原味酸奶等奶制品也不能喂食。隔3天喂食100~200毫升，若无异常反应后再加量，但每天总量不得超过700毫升。

螃蟹

　　含有大量的人体必需氨基酸，脂肪量几乎为零，非常适合成长期的宝宝。但其甲壳易导致过敏，所以应1岁后再喂食。蒸熟后取其肉捣碎放于粥或者汤里喂食，每次少量喂食。

⟶ 一眼分辨常用食物的黏度

大米：泡米和水1：2，充分煮开。

鸡蛋：煮熟后剥去蛋皮捣碎。

苹果：去皮切成7立方毫米的块。

油菜：用开水烫一下后去水，切成长7毫米的片。

胡萝卜：去皮切成7立方毫米的块，轻度煮熟。

海鲜：煮熟后去皮去骨，切成7立方毫米的块。

第四节 结束期辅食中饭的煮法

此阶段宝宝可以由粥过渡到饭，那么宝宝的饭怎么煮呢？爸爸妈妈可以参照下面的做法。

🔘 饭的煮法

原料：10克大米。

做法：1. 将水和大米放入小锅里，加盖，调大火。

2. 水开后去盖放掉蒸汽后再加盖，调至小火。

3. 等米泡开，水剩至少许后再煮5分钟左右。然后灭火加盖闷10分钟左右即可。

🔘 成人米饭改成辅食

原料：60克米饭，适量蘑菇等辅料。

做法：1. 将食材处理干净后煮熟。

2. 将煮熟的食材和米饭放置锅里，加水后再煮一会儿，等煮至水开饭熟为止。

第五节 结束期辅食食谱

结束期辅食，宝宝基本各种形式的食物都能吃了，之前的粥也可以慢慢都转换成饭了，以提升能量密度，炒面、糕饼等等也都可做给宝宝吃。

西红柿浓汤

材料准备

西红柿1/4个，土豆1/4个。

做法

1. 西红柿用热水烫一下，然后去皮，切成两半后用匙子除去子。

2. 土豆洗净后削皮，然后煮熟，把西红柿、土豆加清水放入榨汁机里榨均匀，再加入清水一同煮开即可。

冬菇蛋黄糕

材料准备

蛋黄1个，汤汁1/4杯，冬菇10克。

做法

1. 蛋黄和汤汁放在一起搅拌均匀，然后用漏勺过滤一下；冬菇只取茎部，用水洗净，然后切成5立方毫米大小的块。

2. 用碗盛一半做好的鸡蛋汤汁和冬菇，搅拌均匀后再把剩下的鸡蛋汤汁倒入碗里。

3. 把冬菇蛋汁放入冒气的蒸锅里，盖好盖儿用大火蒸2分钟，再把火调小继续蒸12～15分钟即可。

炒面

材料准备
乌冬面50克，卷心菜20克，胡萝卜10克，香油1小匙，加工好的鸡胸脯肉1大匙，酱油1/2小匙。

做法
1. 乌冬面用沸水煮一会儿，再用凉水清洗一遍，用漏勺捞出来，沥干水分后再以2厘米的长度切成条。
2. 卷心菜和胡萝卜洗净后切成与乌冬面大小一样的条状。
3. 将鸡胸脯肉用绞肉机研碎。
4. 锅里放入香油，把加工好的鸡胸脯肉和卷心菜放锅里翻炒。
5. 待鸡胸脯肉和卷心菜熟了以后，把乌冬面和水放入锅里炒一会儿，加入酱油后再炒一会儿即可。

蘑菇饭

材料准备
大米30克，冬菇30克，洋葱10克，奶酪1大匙，黄油1小匙，鸡汤100毫升。

做法
1. 大米洗净后用凉水泡1小时，再用漏勺捞出来。
2. 冬菇把茎部去掉，用水洗净后切成1立方厘米大小的块。
3. 洋葱洗净后剥皮，切成跟冬菇一样大小的块。
4. 锅里放入黄油，把加工好的洋葱和冬菇放锅里炒。
5. 把泡好的大米和鸡汤放入锅里用大火煮。
6. 煮一会儿后将火调小，等饭粒煮熟后把洋葱和冬菇放在一起继续煮，最后把奶酪放锅里搅拌均匀即可。

茄子饭

材料准备

大米40克，茄子15克，西葫芦15克，洋葱5克，芝麻粉少许，海带汤15毫升。

做法

1. 茄子、西葫芦、洋葱切成小块。
2. 锅里不加油炒一段时间茄子、西葫芦、洋葱后再放芝麻粉和海带汤一起煮。
3. 把大米和清水倒入锅里煮成稀饭后，再倒入汤汁蒸一段时间即可。

金针菇汤

材料准备

土豆20克，金针菇20克，白菜15克，大酱1/2小匙，鱼汤3/2杯。

做法

1. 土豆洗净后削皮，切成小薄片。
2. 白菜切成长1厘米大小的片，把金针菇的根部切掉，再切成长1厘米的段。
3. 把鱼汤和大酱放入锅里煮。
4. 等酱汤开始沸腾时把土豆、白菜和金针菇放锅里煮，直到所有的材料都熟了为止。

海苔鸡蛋拌饭

材料准备

鸡蛋1个，海苔1/4张，米饭1大匙，黄油1小匙，奶粉2匙。

做法

1. 把没有加工的生海苔用火稍微烤一下，放入塑料袋里碾磨成小碎片。
2. 将奶粉冲调后倒入搅拌好的鸡蛋里拌匀。
3. 把黄油放入烧热的锅里，待其熔化后，撒入海苔末、米饭，用中火炒一会儿，再倒入鸡蛋液用小火炒嫩。

菠菜拌豆腐

材料准备

豆腐1/2块，菠菜30克，芝麻盐少许，酱油1/4小匙，香油少许。

做法

1. 菠菜洗净，只取嫩叶部位，放入沸水中焯一下，再用凉水洗一遍，捞出来切成小粒。
2. 豆腐用凉水浸泡20分钟，放入沸水中焯一下，捞出来用刀的侧面把豆腐压碎。
3. 把芝麻盐、酱油和香油放在一起搅拌均匀。
4. 把加工好的豆腐、菠菜和调料拌匀即可。

蛋饺

材料准备

鸡蛋1个，鸡肉末1大匙，青菜末1大匙，盐、植物油各少许。

做法

1. 在锅内放少许植物油，油热后，把鸡肉末和青菜末放入锅内炒，并放入少许盐，炒熟后倒出。
2. 将鸡蛋调匀，锅内放少许油，将鸡蛋倒入摊成圆片状，待鸡蛋半熟时，将炒好的鸡肉末和青菜末倒在鸡蛋片的一侧，将另一侧折叠重合，即成蛋饺。

牛肉萝卜汤

材料准备

牛肉30克，萝卜20克，植物油少许。

做法

1. 按牛肉纹理走向切成5立方毫米的小块。
2. 萝卜去皮后切成7立方毫米大小的块。
3. 锅里放植物油炒牛肉，等牛肉炒熟后加入萝卜继续炒。
4. 锅里加清水充分煮开即可。

彩色饭团

材料准备

大米饭1碗，黄瓜15克，牛肉25克，蛋黄1个，盐少许，酱油1/2小匙，芝麻粉1小匙。

做法

1. 用盐搓掉黄瓜表皮的刺，带皮捣碎后用盐腌渍，最后去水再放煎锅里炒熟。

2. 牛肉捣碎后加酱油、芝麻粉后充分搅拌放煎锅里炒熟。

3. 捣碎蛋黄。

4. 把饭分成3等份后，放入黄瓜、牛肉、蛋黄充分搅拌。

5. 将饭一匙一匙捏成饭团即可。

油豆腐韭菜饭

材料准备

大米饭1碗，土豆15克，油豆腐、韭菜各5克。

做法

1. 油豆腐用开水烫一下后去水捣碎；土豆去皮后切成小块；韭菜切成小段。
2. 将油豆腐、土豆、韭菜一起炒，然后将大米饭放在一起搅拌即可。

空心面

材料准备

洋葱、西蓝花各10克，空心面、鱼肉各50克，牛奶150毫升。

做法

1. 鱼肉切成1立方厘米大小；洋葱切成长7毫米的片；西蓝花捣碎。
2. 空心面用开水煮熟后，切开。
3. 将鱼肉、洋葱、西蓝花和牛奶一起煮。煮开后，调小火搅拌空心面即可。

三米粥

材料准备

薏米30克，高粱米、糯米各50克。

做法

1. 薏米、高粱米、糯米分别淘洗干净，用清水浸泡1小时。
2. 将泡好的薏米、高粱米、糯米一起放入粥锅内，加足量清水，大火烧沸后小火煮30分钟即可。

冬菇炒栗子

材料准备

冬菇10朵，生栗子6个，葱花、姜末、蒜末各适量，盐1/2小匙，蚝油1小匙，植物油1大匙。

做法

1. 冬菇用清水洗净，切成块；栗子蒸熟，剥去外皮，栗子肉用刀切成两半。
2. 将冬菇和栗子分别用沸水焯一下，捞出控水。
3. 炒锅烧热，加植物油，待六七成热时放入葱花、姜末、蒜末爆香，放入冬菇、栗子，再放入盐、蚝油翻炒均匀入味即可。

虾仁豆腐汤

材料准备

豆腐30克，鲜虾仁10克，蛋清1个，上汤1杯，植物油、盐各适量，水淀粉10克。

做法

1. 虾仁洗净，切成5立方毫米的小粒；豆腐在沸水中焯一下，沥干水分切成小块。
2. 热锅下油，将虾仁放入炒熟后盛出放入汤盆待用，将余油留锅。
3. 锅内加入上汤、豆腐块，用盐调味，用水淀粉勾芡，加入虾仁粒，将打散的蛋清倒入搅匀即可。

五彩杂粮饭

材料准备

大米100克，玉米粒50克，黑米、小米、绿豆、红小豆各25克。

做法

1. 将大米、玉米粒、黑米、小米、绿豆、红小豆淘洗干净，在清水中浸泡一夜。
2. 将泡好的大米、玉米粒、各色豆类放入大碗中，加清水没过原料一指节高，然后放入蒸锅中，蒸1小时，断火闷15分钟即可。

山药西红柿粥

材料准备

西红柿1/2个，大米100克，山药50克，盐少许。

做法

1. 山药洗净，削去外皮，切成圆片；西红柿去蒂洗净，切成橘瓣状；大米淘洗干净。
2. 把大米、山药一起放入粥锅内，加适量清水，大火烧沸后改用小火煮30分钟，然后加入西红柿，再煮10分钟，出锅前加入盐调味。

鲜蘑瘦肉汤

材料准备

鲜蘑50克，萝卜1/4根，猪瘦肉50克，姜1片，盐、酱油、淀粉各少许。

做法

1. 将鲜蘑洗净，去根，用手撕成条，用沸水焯一下，捞出控水；猪瘦肉切薄片，加入酱油、淀粉腌渍片刻；萝卜洗净，切小片。

2. 炒锅烧热，加入适量清水烧开，放入鲜蘑、姜片及萝卜片煮沸，再加入腌制好的肉片煮至熟烂，放入盐调味即可。

金枪鱼炒饭

材料准备

大米饭1碗，金枪鱼肉、油菜各10克，冬菇、胡萝卜各5克，婴儿食用奶酪少许，植物油1小匙，清水80毫升。

做法

1. 金枪鱼肉轻度冷冻后捣碎。

2. 冬菇和油菜去茎后，与胡萝卜一起切成小块。

3. 热锅里放植物油炒一下金枪鱼、冬菇、油菜和胡萝卜之后，再放大米饭，最后趁热加婴儿食用奶酪即可。

芙蓉冬瓜泥

材料准备

冬瓜200克，鸡蛋1个，火腿末适量，盐1小匙，水淀粉、植物油各1大匙。

做法

1. 将冬瓜洗净去皮，蒸熟后捣成泥；鸡蛋取蛋清，用筷子顺一个方向打至发泡；火腿切成末。
2. 把鸡蛋液与冬瓜泥搅拌在一起，加盐搅拌均匀。
3. 炒锅烧热，加植物油，放入冬瓜泥炒熟，用水淀粉勾芡，待汤汁浓稠时装盘，最后撒上火腿末。

鸡蛋牛奶糕

材料准备

鸡蛋1个，黄油1/4小匙，牛奶1大匙。

做法

1. 把鸡蛋和牛奶搅拌均匀。
2. 把黄油放入烧热的锅里，待其熔化后，再将鸡蛋和牛奶倒入锅中，用小火边搅边煮，直到煮熟为止。

双色蒸蛋饼

材料准备

猪肉馅儿100克，鸡蛋1个，干银耳、干木耳各20克，盐1小匙，水淀粉适量，植物油1大匙。

做法

1. 鸡蛋磕入碗中，加水淀粉打散；银耳、黑木耳用清水泡发，去蒂，洗净后切成丁，分别与肉馅儿拌在一起，加入盐拌匀，制成两色的馅儿。
2. 炒锅烧热，加植物油，四成热时将鸡蛋液倒入锅中，摊成蛋皮，蛋皮铺在盘子上，先铺银耳馅儿，再铺黑木耳馅儿，然后上热蒸锅蒸5分钟取出，切成菱形块即可。

PART 7

一日三餐正常饮食期
（16～36个月）

第一节 16～36个月宝宝的变化

这个阶段的宝宝基本就可以独立了，如自己走路、穿衣服、上下楼梯等，甚至还会模仿做家务，大小便也会有意识地提醒大人甚而自己解决。

💡 16～24个月的宝宝

1. 自己走路走得很稳。
2. 能双脚连续跳，但不超过10次。
3. 扶栏杆能自己上下楼梯。
4. 宝宝知道利用椅子或凳子设法去够拿不到的东西。
5. 可以倒着走。
6. 可以自己玩耍。
7. 开始长臼齿。
8. 将2～3个字组合起来，形成有一定意义的句子。
9. 会要食物。
10. 能在家里模仿成人做家务。
11. 排便时会告知成人。
12. 能一张一张翻开书页。
13. 开始试着折纸。
14. 可以画线段。
15. 可以从头顶上方扔球。
16. 可以将杯子里的东西倒出来。
17. 能将5块积木摞起来。
18. 可以自己脱衣服、裤子。
19. 能向前踢球。
20. 宝宝说到自己时能正确地用代词"我"而不再用小名表示自己。

💡 25～36个月的宝宝

1. 能双脚离地跳跃。
2. 上下楼梯更加自如。
3. 会自己穿鞋。
4. 会自己解扣子。
5. 会自己擦屁股。
6. 听到音乐时能跳舞。
7. 知道1与许多的意思。
8. 能快速地跑不会摔倒。
9. 会立定跳远。
10. 能用积木搭成房子、汽车等。
11. 可稳当地单脚站立。
12. 可以使用筷子。
13. 会提醒妈妈说错了故事的情节。

第二节 进入正餐期

这时候宝宝对成人食物越来越感兴趣。其对使用匙叉更为熟悉，慢慢习惯了自己吃饭、喝水。

开始于16个月

软饭已经熟悉，也开始对成人的食物感兴趣，这是结束期可以完结的信号。什么时候开始可以跟成人一起吃的婴儿食品呢？可以参照下面的适当时期。

虽然每个宝宝发育的情况和消化能力都不太一样，但大多数宝宝都可以在16个月左右正常地消化软饭了，有些宝宝都可以吃米饭了，并且产生了对以饭、菜、汤组成的成人食物的浓厚兴趣。等到宝宝顺利地吃完完结期的软饭后，就可以开始正式地吃婴儿食了。

熟悉了匙叉

宝宝到16个月大后，肌肉愈加发达，对匙叉也更加熟悉。饭菜洒的数量和次数在减少，吃饭速度也在提升。虽不能像用匙那样熟练，但也可以独立使用水杯喝水了。不需成人的帮助即可喝掉杯里的牛奶或是水。即使洒饭，洒水，也不用帮忙，多给宝宝自己练习吃饭、喝水的机会。能习惯自己喝水、吃饭，使用匙、杯等餐具的宝宝，他们也更容易适应多品种的婴儿食。

第三节 养成良好的饮食习惯

这个阶段，爸爸妈妈要有意识地帮助宝宝养成良好的饮食习惯，比如定时定量进餐、不挑食、自己动手吃饭、细嚼慢咽等。

让宝宝定时定量进食

婴幼儿时期是建立和培养良好饮食习惯的关键时期，如果这一时期引导不当，一旦形成不良的饮食习惯，以后要改正就非常困难。因此，父母要从婴儿时期就培养宝宝良好的饮食习惯。只有养成良好的饮食习惯，才能保证宝宝的进食量，让宝宝获得充分的营养，从而保证身体健康。

•怎样养成定时定量进餐的习惯•

首先，父母要合理控制宝宝每天的进餐次数、时间和进食量，让三者之间有规律可循。到了吃饭的时间，就应让宝宝进食，但不必强迫他吃，当宝宝吃得好时就应表扬他，并要长期坚持。

其次，精心调配食物。烹调时需注意食物的色、香、味俱全，软、烂适宜，便于宝宝咀嚼和吞咽，从而调动宝宝用餐的积极性。还可以给宝宝买一些形态、色彩可爱的小餐具，让宝宝喜欢使用这些餐具进餐。

•定时定量喂食需灵活掌握•

定量饮食也要灵活掌握。有的父母会严格按照书上的标准让宝宝吃饭，遇到宝宝偶尔不想吃的时候，父母也要千方百计地哄他吃下去。这种做法也是不可取的，父母要根据宝宝自身的情况而定，因为每个宝宝的发育情况、饮食量都有所不同，不能一概而论。

目前，很多家庭存在强迫喂食现象，且"定量强迫"显著高于"定时强迫"。宝宝偶尔食欲缺乏是正常现象，如果父母过于纠缠在一定量的食物上，会使宝宝食欲更加降低。而宝宝的厌食也让父母更加焦虑，然而一味用坚决的态度强迫宝宝进食，就会使宝宝厌食的情况更加严重。

培养不挑食的宝宝

宝宝的挑食现象很普遍，是成长发育过程中的一种正常的阶段性现象。但这种现象如果不及时纠正，会引起宝宝营养摄入不均衡，对宝宝成长发育造成一定影响。父母要从宝宝很小的时候注意宝宝的饮食习惯，对于挑食的宝宝要剖析其原因，以便对症下药。

•父母言传身教•

平时爸爸妈妈可经常在宝宝面前吃一些宝宝不太爱吃的食物，在吃的过程中还要表现出特别喜欢吃的样子，这样宝宝潜意识里会认为这些食物很好吃，因为爸爸妈妈都喜欢吃。长此以往，宝宝慢慢会喜欢上本来不喜欢的食物。

•告诉宝宝食物的价值•

每种食物都有其独特的营养价值，父母不妨对宝宝不爱吃的食物加以研究，了解其对宝宝生长发育的作用，并耐心跟宝宝讲解这些食物对他有什么好处。例如宝宝不吃胡萝卜，妈妈可以告诉他："吃胡萝卜对眼睛好。"

•巧妙搭配食物•

针对挑食的宝宝，爸爸妈妈可以巧妙地搭配各种食物，把宝宝喜欢的和不喜欢的食物进行"完美组合"，也可将宝宝不爱吃的食物来个"大变身"，以唤起宝宝的食欲，使他乐于尝试各种食物。

•让宝宝从小吃杂食•

儿科医学专家指出，若在婴幼儿

时期给宝宝频繁地吃各种各样的食物，宝宝长大了以后，就很少会有挑食的毛病。

●表扬鼓励●

父母要善于当面表扬宝宝在饮食方面的进步，如果宝宝某次吃了他平时不爱吃的东西，父母要给予鼓励，让宝宝更好地坚持下去。

●添量喂养●

父母可以在不告知的情况下，在宝宝的日常食物中少量添加或逐步添加他挑剔的食物，以此让宝宝顺其自然地接受这些食物。

培养喜欢吃蔬菜的宝宝

众所周知，蔬菜的营养是非常丰富的，对宝宝的生长发育大有裨益，但是大多数宝宝似乎天生就对某些蔬菜很抗拒。不管父母怎么哄、怎么管，宝宝就是不肯就范。难道就此放弃让宝宝多吃蔬菜的念头吗？当然不行，那么到底要怎么做呢？

●告诉宝宝吃蔬菜的益处●

不误时机地叮嘱宝宝多吃蔬菜的好处，当然不能讲得太深刻。父母要从宝宝的理解能力出发，用浅显的句子告诉宝宝，例如：多吃蔬菜就不生病了，不用打针了，也不用吃苦药了，还能长得高、变漂亮等。这样简单易懂的道理，宝宝比较容易接受。

●从兴趣入手引导宝宝喜欢上吃蔬菜●

可通过让宝宝和自己一起择菜、洗菜来提高他们对蔬菜的兴趣，如洗黄瓜、西红柿或择豆角等。吃自己择过、洗过的蔬菜，宝宝一定会觉得很有趣。

●周围成人要做榜样●

要让宝宝喜欢吃蔬菜，首先父母或其他成人要吃蔬菜。如果成人对蔬菜不感兴趣，只是一个劲儿地劝宝宝吃蔬菜，那是徒劳的。因此，父母和宝宝一起吃饭时，即便对于自己不怎么爱吃的菜，也要尽量多吃，并边吃边称赞。

•用故事诱发宝宝对蔬菜的兴趣•

在给宝宝看故事书或动画片的时候，可以结合故事的情节来告诉宝宝吃蔬菜的好处。慢慢地，宝宝就会对吃蔬菜变得很有兴趣了。

> **──→ 多改变蔬菜的做法**
>
> 对于有精力和条件的父母，可尽量变着花样，并在无意中让宝宝多摄入蔬菜。如将蔬菜以适合自己宝宝口味的方法烹调，或把蔬菜包在饺子或包子里面，或将各色的蔬菜搭配起来，做成五颜六色的蔬菜大拼盘，从而引发宝宝食欲。

💡 培养吃早饭的好习惯

开始一天的生活之前，让宝宝吃上一顿使人精力充沛的营养均衡的早餐是非常重要的。但仍然有不少人对此不以为然，马马虎虎应付了事，这样做是非常不对的。

•很多宝宝不愿吃早餐的原因•

一般起床后短时间内，宝宝没有胃口，不愿吃早餐，可适当延后早餐时间。如果不吃早餐，一天所需的营养便需从午餐和晚餐中摄取，那样会对身体造成影响，甚至会影响到宝宝的生长发育。

•不吃早餐给宝宝带来的不良影响•

❶ 宝宝的脑部发育和智力发育会受到影响

长期不吃早餐会使得宝宝的血糖供给低下，大脑的营养也不足，长期下去就会对大脑造成伤害。另外，早餐的质量跟智力发展也有密切的联系。据研究，一般进食高蛋白早餐的宝宝在课堂上的最佳思维普遍有所延长，而吃素的儿童情绪和精力都会呈较快下降趋势。

❶ 易患蛀牙

科学家提供的一份研究表明，同那些天天进食早餐的同龄儿童相比，年龄在2~5岁经常不吃早餐的儿童发生蛀牙的概率是前者的4倍以上。

不吃早餐容易发胖

早上肚子填饱了，宝宝可以很好地控制他一天内的食欲，从而杜绝午餐和晚餐暴饮暴食的可能性，有利于控制体重。否则宝宝会在饥饿时进食零食或者暴饮暴食。

•如何使宝宝开心地吃早餐•

必须搭配一定谷类食物

比如说面包、面条、馒头、包子、烧饼、蛋糕、粥、饼干等。并且要做到各种谷类食物按粗细均衡搭配。

保证蛋白质的供给

鸡蛋、牛奶、豆类都包含丰富的蛋白质。每日早餐都要保证宝宝饮用250毫升牛奶或者豆浆，食用一个鸡蛋或者几片牛羊肉，从而保证宝宝摄入生长发育必需的蛋白质。

一定要用好的植物油做早餐

做凉拌菜时不要忘记滴入几滴植物油，里面的脂肪既能提供宝宝所需的热量，也能让菜更具香味，促进宝宝食欲。

保证一定量的蔬菜

可做黄瓜、萝卜、莴苣、白菜等蔬菜，豆腐、豆皮、豆干等豆制品，或者海带等海产品，这样不仅能提供营养素以及矿物质，还能刺激宝宝食欲。

让宝宝自己动手吃饭

对于宝宝强烈的"自己动手"的愿望，父母是阻止还是鼓励，是决定宝宝未来吃饭能力的关键。父母不妨索性给宝宝一把小匙，一双筷子，任他在碗里、盘子里乱戳乱捣，一口口地往嘴里送。结果当然是掉到桌上、身上、地上的比吃到嘴里的食物要多得多，然而不能否认的是，最初宝宝毕竟有一两口送到了自己嘴里。有过如此训练的宝宝，一般1.5岁以后就能独立吃饭了。

•允许宝宝用手抓着吃•

刚开始先让宝宝抓面包片、磨牙饼干；把水果块、煮熟的蔬菜等放在他面前，让他抓着吃。每次少给他一点儿，防止他把所有的东西一下子全塞到嘴里。

● 把小匙交给宝宝 ●

给宝宝戴上大围嘴儿，在宝宝坐的椅子下面铺上塑料布或旧报纸，给宝宝一把小匙，教他盛起食物往嘴里送，在宝宝成功将食物送到嘴里时要给予鼓励。父母要容忍宝宝吃得一塌糊涂。当宝宝吃累了，用小匙在盘子里乱扒拉时，把盘子拿开。

● 能自己吃饭后就不要再喂着吃 ●

宝宝能独立地自己吃了，有时他反而想要妈妈喂。这时，如果你觉得他反正会自己吃了，再喂一喂没有关系，那就很可能前功尽弃。

小贴士

奇奇刚满1岁，每次吃饭时都是奶奶抱着她坐在腿上喂，最近奇奇总是伸手抓奶奶的筷子，还想挣脱奶奶去抓茶几上的菜。每顿饭都折腾很长时间，奶奶自己也吃不好，于是爷爷提议让奇奇自己爬在茶几上用手抓着吃。

奶奶给奇奇拿了一个不锈钢的小碗和一个短柄小匙，在奇奇的碗里夹了些短面条和菜叶，放在茶几上，茶几正好比奇奇矮一个头，她可以站着吃。奇奇用手大把往嘴里送面条，掉到茶几上还会伸手去捏，吃得津津有味，上衣前襟上沾满了面条和菜片。吃完后就抓着碗打桌子，让奶奶再给她夹面。

⟶ 宝宝用手抓着吃饭是一个必经过程

用手抓饭是宝宝发育中必经的过程，父母或成人不要干涉，尽量让宝宝自己动手。

🔅 培养细嚼慢咽的好习惯

宝宝在吃饭时应该细嚼慢咽，因为饭菜在口里多嚼一嚼，能使食物跟唾液充分拌匀，唾液中的消化酶能帮助食物进行初步的消化，而且可使胃肠充分分泌各种消化液，这样有助于食物的充分消化和吸收，可减轻胃肠道负担。此外，充分咀嚼食物还有利于宝宝颌骨的发育，可增强牙齿和牙周的抵抗力，并能增加宝宝的食欲。

但现实生活中，很多宝宝吃饭时都是狼吞虎咽。导致这样的原因有很多，包括家人的影响、宝宝的急性子、宝宝的吃饭时间有限等。

● 向宝宝解释细嚼慢咽的好处 ●

对于大一点的宝宝，完全可以向他解释吃饭细嚼慢咽的好处及狼吞虎咽对身体的危害，讲时可举些例子，如某个宝宝吃饭太快，肚子疼了，打针很疼；某个宝宝吃饭太快，长大后胃不好了、吃不下饭等。例子要简单浅显，可适当夸张一些。

● 规定宝宝不许提前离开餐桌 ●

好多宝宝急着吃完饭去玩，这时父母可以定一条用餐规矩，规定每个人在半小时内不许离开餐桌，这样宝宝即便吃完也脱不了身，也就不急着吞咽食物了。

小贴士

有的宝宝食用花卷、馒头等主食时，习惯用汤就着吃，以减少咀嚼次数；有的宝宝吃饭时总喜欢边吃饭边喝水。这些都是不良的饮食习惯，影响食物的消化吸收，容易导致营养不良。所以尽量避免这种饮食方法。

● 创造一种轻松的用餐氛围 ●

用餐期间父母尽量放松心情，创造一种温馨和谐的气氛，让宝宝由衷地喜欢餐桌上的气氛，这样宝宝就会愿意多在餐桌上逗留，不会为逃离餐桌而狼吞虎咽了。

第四节　正餐期食谱

　　辅食正餐期食物基本接近成人所吃的，不过爸爸妈妈在准备时要更加注重营养均衡、清淡多样，使宝宝吃得健康。

鸡蛋炒饭

材料准备

大米饭1小碗，鸡蛋1个，牛肉10克，婴儿食用奶酪1片，酱油1小匙，植物油、香油、黑芝麻各少许。

做法

1. 牛肉捣碎后放到有植物油的煎锅里炒熟，加鸡蛋再炒一次。
2. 将婴儿食用奶酪捣碎。
3. 把大米饭、酱油、香油、牛肉、鸡蛋一同放入碗里充分搅拌后撒上婴儿食用奶酪和黑芝麻。

营养紫菜饭

材料准备

大米饭1小碗，烤好的调味紫菜1张，芝麻1/2小匙。

做法

1. 用剪刀剪碎烤好的调味紫菜。
2. 大米饭里放芝麻充分搅拌。
3. 把芝麻和大米饭捏成圆的饭团。
4. 盘子里装上紫菜末，再将饭团在紫菜末上滚动即可。

乌冬面

材料准备

乌冬面40克，海带、鱼脯各1张，盐少许。

做法

1. 乌冬面剪成5~10厘米长后用开水煮熟。
2. 把海带放入锅里加适量清水煮开后，捞出海带，放入鱼脯再煮5~6分钟。
3. 等鱼脯沉到锅底后用盐调味，再过滤。
4. 乌冬面盛到碗里后加鱼脯的汤即可。

瘦肉炒芹菜

材料准备

猪瘦肉50克，芹菜15克，盐少许，姜丝适量，水淀粉、植物油各1大匙。

做法

1. 猪瘦肉切丝，用少许盐、水淀粉上浆；芹菜择洗干净，芹菜梗切丝。
2. 炒锅烧热，加植物油，三成热时下姜丝、猪瘦肉丝翻炒，放入芹菜丝、盐翻炒至芹菜熟透即可。

蘑菇鸡蛋汤

材料准备
蘑菇20克，鸡蛋1个，大葱10克，蒜泥1小匙，香油、酱油各少许。

做法
1. 蘑菇去掉茎部后切成丝状，然后放到有香油的煎锅里炒熟。
2. 鸡蛋打碎后搅匀，捣碎大葱。
3. 锅里倒入适量的清水加蘑菇和大葱煮开后，再放入蒜泥和酱油一起煮。
4. 在煮好的食材中加入鸡蛋液，煮到鸡蛋熟为止。

洋葱炒鸡蛋

材料准备

洋葱1/4个，鸡蛋1个，植物油1大匙。

做法

1. 洋葱去皮切成丝。
2. 锅中放入植物油，待油热加洋葱丝炒一会儿后再放入鸡蛋。
3. 等鸡蛋熟一点儿的时候用木匙快速搅拌即可。

西红柿炖牛肉

材料准备

牛肉、菠萝各50克，洋葱10克，植物油、西红柿汁各1小匙，捣碎的西红柿1/4杯，盐少许。

做法

1. 牛肉切成小片状后加入盐腌制。
2. 菠萝切成1立方厘米大小的块；洋葱切成5毫米长的块。
3. 锅里放植物油后加牛肉炒一段时间，加入菠萝和洋葱，再加入西红柿汁、捣碎的西红柿以及适量清水，一直炒到洋葱和牛肉熟为止。

苹果三明治

材料准备

苹果1/4个，面包片2片，奶酪、火腿肠片各1片，蛋黄酱适量。

做法

1. 面包片放烤面包炉中烤熟后抹一层蛋黄酱。
2. 苹果洗净后去皮，切成薄片。
3. 面包片中间夹上苹果片、火腿肠和奶酪后去掉边缘，切成适当的大小即可。

营养牛骨汤

材料准备

牛骨100克，胡萝卜、西红柿、菜花各50克，洋葱10克，植物油、盐各适量。

做法

1. 牛骨切小块，洗净，放入开水中煮5分钟，取出冲净。
2. 胡萝卜去皮切大块；西红柿切开4块，菜花切大块；洋葱去皮切块。
3. 烧热锅，加1小匙植物油，小火炒香洋葱，注入适量清水煮开，加入各材料煮3小时，加盐调味即可。

虾皮冬瓜

材料准备

冬瓜100克，虾皮20克，花生油2小匙，盐少许。

做法

1. 将冬瓜削去皮，去掉瓜瓤，切成小厚片；虾皮用温水稍泡洗净。

2. 将油放入锅内，投入冬瓜煸炒，加入虾皮、盐翻炒均匀，加少许清水，烧透入味即可。

菠萝火腿炒饭

材料准备

胡萝卜1/3根，甜椒20克，青葱、菠萝各10克，火腿肉30克，大米饭1/2碗，植物油、盐各少许。

做法

1. 将胡萝卜、甜椒、菠萝、火腿肉切丁；青葱切成葱花。
2. 把葱花与胡萝卜丁、大米饭和盐用锅小火炒松。
3. 将甜椒、菠萝、火腿肉放入一同炒匀即可。

蛋黄紫菜包饭

材料准备

大米饭1小碗，鸡蛋液、黄瓜、胡萝卜各30克，烤好的海苔1片，植物油1匙。

做法

1. 平底锅里放入油，烧热，把鸡蛋液倒入，均匀地摊成鸡蛋饼。
2. 把胡萝卜、黄瓜和鸡蛋饼切成丝。
3. 拿出一片海苔，铺在寿司帘上，把大米饭铺在海苔上。
4. 在大米饭上放上胡萝卜丝、黄瓜丝和鸡蛋丝。
5. 将寿司帘卷起，来回卷几次捏紧；用刀切成小块，装盘即可。

菜叶包饭

材料准备

大米饭1小碗，酱油、盐、腊肠、猪瘦肉、冬菇、虾仁各适量，大白菜叶1张，植物油1大匙。

做法

1. 将大白菜叶洗净。
2. 将腊肠、猪瘦肉、冬菇、虾仁切成细末，加酱油、盐、植物油炒熟，倒入大米饭，翻炒均匀后，用大白菜叶包好即可。

梨粥

材料准备

大米粥1碗，梨10克。

做法

1. 梨洗净后去皮，切成小粒。
2. 把大米粥、梨粒加清水放入锅里用大火边搅边煮。

苦瓜炒蛋

材料准备

苦瓜1/3根，火腿30克，鸡蛋1个，盐1/2小匙，植物油1匙。

做法

1. 苦瓜洗净，去瓤，切成薄片，用沸水焯一下，去苦味；火腿切丁，用沸水焯一下。
2. 鸡蛋磕入碗中，打散，加盐搅拌均匀，放入火腿丁、苦瓜片拌匀。炒锅烧热，加植物油，五成热时将鸡蛋液倒入锅中炒熟即可。

美味茄子

材料准备

茄子1根，胡萝卜1/3根，青辣椒1/2个，香菜10克，盐少许，葱花、蒜末各适量，植物油适量。

做法

1. 茄子洗净，切成滚刀块；胡萝卜洗净，去皮，切丝；青辣椒洗净，去蒂、去子，切丝；香菜择洗干净，切末。
2. 炒锅烧热，加植物油，六成热时放入茄子，炸至熟透，捞出控油；锅中留少许底油，下葱花、蒜末爆香，放入青椒丝、胡萝卜丝翻炒均匀，放入盐炒匀，倒入炸好的茄块，煸炒均匀，出锅前撒上香菜末即可。

冬菇炒西葫芦

材料准备

胡萝卜、西葫芦各1/3根，冬菇5朵，松子仁适量，葱末、姜末各少许，盐、香油各1/2小匙，植物油1大匙。

做法

1. 西葫芦洗净，切成条，用盐腌渍片刻；冬菇、胡萝卜择洗干净，切成条。
2. 炒锅烧热，加植物油，六成热时下葱末、姜末爆香，放入胡萝卜条、冬菇条、西葫芦条翻炒均匀，添适量清水焖两分钟，放入松子仁、盐，出锅前淋香油即可。

笋瓜小炒

材料准备

笋100克，黄瓜1/2根，盐1/2小匙，姜末适量，高汤3大匙，植物油1大匙。

做法

1. 将笋洗净，切成片，放入沸水中焯熟，捞出过凉。黄瓜洗净，切成与笋大小相仿的片。
2. 锅烧热，加植物油，六成热时放姜末爆香，再放入笋片略炒，然后放入黄瓜片，倒入高汤，加盐调味，改大火翻炒几下即可。

柠檬蜜茶

材料准备

柠檬2个，冰糖、蜂蜜各50克。

做法

1. 柠檬用温水洗净，用刀切下一层，切成丝。
2. 将柠檬外皮削去，去掉子切成碎块。
3. 将柠檬块放进锅里加冰糖用大火烧开，转小火不断搅拌直至冰糖化开，汤水黏稠即可关火。
4. 在煮好的汤水里加入蜂蜜，撒入柠檬丝，冰镇后饮用。

油菜炒虾仁

材料准备

莴苣、虾仁各100克，油菜150克，胡萝卜50克，葱花适量，盐少许，植物油1大匙，水淀粉2小匙。

做法

1. 将胡萝卜、莴苣洗净，切成长条；虾仁挑去虾线，洗净；油菜择净，用清水洗净。

2. 将胡萝卜条、莴苣条、虾仁、油菜用沸水焯3分钟，捞出过凉。

3. 炒锅烧热，加入植物油，六成热时放葱花爆香，放入胡萝卜条、莴苣条、虾仁、油菜，加盐翻炒均匀，出锅前用水淀粉勾芡即可。

冬菇挂面

材料准备

挂面100克，油菜、冬菇、金针菇各10克，海带汤汁1/2杯。

做法

1. 将挂面切成2~3厘米长的小段，煮熟。

2. 将冬菇与金针菇切成小块；将油菜煮软后，切成3毫米宽小条。

3. 往锅中加入海带汤汁，将挂面、冬菇和金针菇依次加入，煮熟即可。

PART 8

宝宝的
健康餐

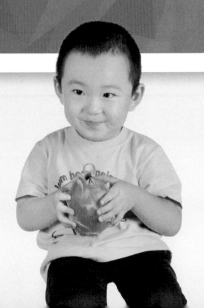

第一节 过敏宝宝的健康餐

不少宝宝在辅食期会出现过敏现象，爸爸妈妈也不用过分担心，了解易引发过敏的食物，小心缓慢地添加辅食即可。

过敏是什么

食物过敏就是摄取食物过程中免疫系统对过敏原物质产生过度反应的现象。多数食物过敏是因为蛋白质。蛋白质由200多种氨基酸构成，伴随着食物进入人体内然后通过消化器官被多种酵素吸收。但宝宝的消化器官尚未成熟，不能承受消化蛋白质的负担，从而导致了过敏的产生。

何种情况下会出现食物过敏

宝宝因为消化器官不成熟，分解蛋白质的能力差，会对特定的食物产生过敏现象。通过了解各种食物的过敏症状和相应解决方法，能够安全地喂食宝宝。

• 消化器官尚不成熟的宝宝 •

未满3周岁的宝宝，消化器官一般都没有发育成熟，从而因食物引起过敏的概率就会很大。等到宝宝超过3岁最晚4岁时消化器官发育到和成人类似以后，大多过敏症状就会消失。

• 患有过敏症的情况 •

有些宝宝如果患有遗传性皮肤过敏症或者过敏性皮炎、哮喘等症，更容易出现过敏现象。一般在这种情况下，处理的方法是，若由特定食物引起过敏症状，即刻停止食用该种食物。

• 具有家族性过敏史的情况 •

过敏体质很容易遗传。如果家族中有人有过因过敏生病的经历，那么这个家庭里的宝宝也很有可能因食物引起过敏。这种情况下过敏症状很难消失，甚至长大后会发展成其他过敏疾患。因此家族史上有过敏疾患的家庭要慎重使用辅食食材。

了解是否为遗传性过敏的方法

☐ 祖父母或叔父中有因过敏而生病的人

☐ 父母都有过敏史

☐ 父母中的一位或宝宝的兄弟姐妹中有人有过敏史

☐ 总是揉眼睛

☐ 阳光照射下皮肤会出现凹凸视觉

☐ 躺下后用脸贴被子上有摩擦感

☐ 脱掉衣服后总感觉胸部发痒

☐ 后背部摸上去较粗糙

☐ 肩膀或者两臂皮肤摸上去粗糙

☐ 膝盖内侧及大腿皮肤较为粗糙

☐ 脚腕或脚背的皮肤较为粗糙

☐ 嘴边缘经常变红甚至皲裂

☐ 脸边界部分经常变红甚至皲裂

☐ 额头或者脸颊一部分变红且粗糙

☐ 眼圈周围变红且出现小颗粒，皮肤也变得粗糙

若是对照上表有3~4项符合，那就有遗传性过敏的可能；如果超过5项符合，就应该去医院检查一下，以便确诊。

—→ **患有遗传性过敏的宝宝的添加辅食速度**

为了避免进食到加重遗传性过敏食物的可能，开始添加辅食时应该谨慎且减缓速度进行。以下介绍的是患有遗传性过敏的宝宝的辅食添加速度，但不同的宝宝有个体的差异，应根据实际情况，慢慢地调节好食材的粗度和稀稠。

●初次辅食添加开始于6个月。喂食磨好且筛过的稀米糊。若适应，可每间隔一天后添加一种易导致过敏的蔬菜于米糊里再喂。

●7个月大以后开始喂食磨成较大颗粒的黏稠米糊。可以尝试放少量的鸡肉或者牛肉在宝宝爱吃的蔬菜里面，如果没有异常反应就可正式添加肉类食物以补充铁。

●8个月大后开始喂使宝宝能感受到质感的中期阶段的稠粥，然后每隔一周添加一种新的食物。

●9个月后可照一般辅食进行的速度，结束中期辅食阶段，进入后期辅食阶段。

💡 过敏症宝宝的饮食原则

假如父母怀疑宝宝患有遗传性过敏症或的确是过敏症宝宝，那么添加辅食时最好要慢慢地开始。一般在宝宝出生半年后开始最为理想，因为在这以前宝宝体内还不能充分产生保护肝脏的免疫物质，因而更加容易引起过敏反应。

• 小心使用受限制的食物 •

若是宝宝看起来像是患有遗传性过敏，那么最好就将易引起过敏的食物直接从食材清单里剔除。因为这些食材会减弱消化功能，诱发过敏反应，导致过敏症的加重。

当然只是消极地剔除那些可能引起过敏的食物也不是良策，因患有遗传性过敏症的宝宝饮食种类少，从而易于造成营养缺乏。实际上，即使是容易导致过敏的食物也未必是对每个宝宝都起作用的，同样的，即使是患有遗传性过敏症的宝宝也不一定会对这些食物起反应。还是应在具体使用过程中斟酌。

伴随着宝宝的成长，辅食的制作也是依据不同阶段来变化多种材料。若是其中出现了对某种食物的过敏反应，可以暂停该种食物的喂食，观察几个月，若不严重的话，待宝宝长到两周岁以后，身体的免疫力有所提高，再食用这种食物就没问题了。

• 每次只用一种新材料 •

辅食添加一般从糊开始，添加新材料一次只需一种。添加新材料后需要观察一周，如果没有异样再继续尝试另一种。辅食中期以后可以喂食的种类变得多起来，但也需注意，不能一次性新添加喂食多种。因为多种一起添加，就很难知道哪种食物过敏。

• 食用水果、蔬菜需要煮熟 •

食物中的蛋白质经过蒸、煮、焯等烹调方式以后成分会发生很大变化，也就不再那么容易引起过敏。所以给宝宝吃的食物，包括水果、蔬菜等，刚开始时需煮熟后再行喂食。若是那些患有遗传性过敏症的宝宝，如果吃后没有其他不良反应，可以在10个月大后喂食生的该种蔬菜水果。

灵活使用替代食物

鸡蛋→豆腐、鸡肉、牛肉
牛奶→鸡蛋、豆类、海藻
豆类→鸡蛋、鸡肉、牛奶、紫菜、海带
面粉→米做的面包、粉丝、土豆、糕点
鱼→豆腐、豆制品、鸡蛋、牛肉、鸡肉
牛肉→鸡蛋清、白肉鲜鱼、鸡肉
鸡肉→牛肉、白肉鲜鱼
猪肉→牛肉、白肉鲜鱼

• **勤喂替代食物** •

想要尽量避免掉某一种食物可能会引起营养不均衡，所以如果过敏不严重的话，可以寻找另外一两种替代食物来喂食。

• **选用新鲜的应季食材** •

并不仅是针对患有遗传性过敏症的宝宝。当下季节所需的营养素在应季的食材里含量是最多的，所以应选用应季食材来汲取必需的营养素，使得免疫系统达到均衡。

• **发疹出现即要停止喂食** •

一旦喂食宝宝新的辅食时出现了过敏反应，便要马上停止食用这种新材料。若遗传性过敏发病的宝宝，发生呕吐和腹泻的现象，则需要立即去找儿科医生诊治。

• **要尽量避免食品添加剂** •

加工食品时使用的防腐剂或者色素是导致遗传性过敏严重的主要因素。所以必须控制饮食，避免喂食宝宝含有食品添加剂食品。

🔍 易引发过敏的食物

预防过敏首先要从认识容易引起过敏的食物开始。那么哪些食物容易引发过敏呢？怎么喂食才算安全呢？以下内容就会为您解答这些疑问。

虾

这种甲壳类食物最容易引起过敏，而且很有可能持续一生，所以必须加以注意。一般可在满周岁后喂食，如果患有遗传性过敏则要等宝宝两周岁后再喂食。

花生

花生容易卡在喉咙导致窒息，所以最好晚点喂食，有无过敏都应在3岁以后喂食。首次喂食应研碎后再喂，若无异常则每次添加一粒喂食。

西红柿

1周岁后喂食为佳。过敏的宝宝应推迟到18个月大后再喂食。首次喂食应用开水烫后去皮、除子较为妥当。

牛奶

里面含有不容易被宝宝吸收的不同于母乳或配方奶的蛋白质，并可能引起宝宝腹泻或者发疹子等过敏症状。最好在断奶后再开始喂食。

橙子、橘子

1岁后再喂食这类易导致过敏的水果。有过敏症的宝宝最好18个月后再喂食。先喂食鲜榨汁，如无异常再喂果肉。将果汁和水按1：1的比例稀释后再喂食。

鸡蛋清

肠胃功能不全的、未满周岁的宝宝不能分解鸡蛋清中的蛋白质，因此容易产生过敏反应。所以若是过敏体质最好等到2岁以后再喂食。

草莓

草莓子可能会刺激肠胃导致过敏，并含有阿司咪唑等易导致过敏的成分，故草莓宜在周岁后再喂食。若是过敏儿应在18个月后再喂食。首次喂食取用少量，并且去掉带子的表层。

猕猴桃

猕猴桃表面的毛和里面的子易引发过敏，故最好2岁以后喂食。首次喂食应去皮剥好后用水冲洗，然后取1/4果肉喂食。

红豆

其自身含有较多不易消化的纤维素，容易刺激宝宝的肠道，从而导致过敏。若是那些总因消化器官虚弱而腹泻的易敏儿应该在18个月后再喂食。1岁以后可以混入饭内喂食。

蜂蜜

不要喂食1岁以前的宝宝以免引起过敏。添加含有蜂蜜的食品也需注意此点。因为甜味过大，喂食时最好放水稀释或者替代白糖少量使用。

茄子

吃多了会产生跟过敏类似的症状，引起接触性皮炎。正常的宝宝可以从1岁后喂食，过敏体质的宝宝应从18个月后喂食。喂食时先用植物油烹调，喂少许观察反应。

猪肉

油脂过多不易消化，并且容易导致过敏，即使瘦肉也不能在1岁前喂食。至少要25个月后才能喂油脂大的五花肉。猪排可以在宝宝2岁后磨成小块喂食，一次3~4块。

过敏症宝宝的饮食推荐

白菜粥

材料准备

大米粥1碗,白菜叶1/4片。

做法

1. 白菜叶洗净后把茎去掉,只取嫩叶,放入沸水中焯一下,然后捞出来切成碎末。
2. 把大米粥、白菜叶末加清水放入锅里用大火边搅边煮即可。

南瓜黑芝麻粥

材料准备

大米粥1碗,南瓜10克,黑芝麻1小匙,紫菜1片。

做法

1. 把南瓜洗净后切成小块,去掉南瓜子,只取出果肉部分再研磨。
2. 黑芝麻洗净后晾干,再用锅炒一会儿,然后放入粉碎机研磨成粉末。
3. 选新鲜的紫菜,用火烤一会儿,再放到塑料袋里捏碎,做成紫菜粉。
4. 把大米粥、南瓜泥加清水放锅里用大火边搅边煮。
5. 当水开始沸腾时把火调小,再把黑芝麻粉和紫菜粉放锅里继续煮。

第二节 患病宝宝的健康餐

添加辅食期间，宝宝可能会出现各种各样的状况，比如感冒、腹泻、便秘等，爸爸妈妈可以根据相应的情况调整饮食，帮助宝宝尽快恢复健康。

感冒

宝宝最常患的病就是感冒。由病毒感染而引起的发热、咳嗽、流涕或鼻塞都是很常见的，有时还会伴有呕吐或腹泻等症状。宝宝患上感冒后，消化能力会减弱，胃口不好，不爱吃东西，这时候的辅食级别就要向后退一级，应补充含有充足水分和高热量、高蛋白、高维生素的食物。

●要补充充足的水分●

发热时体内的水分就会流失，体力消耗也会非常大，因此要多给宝宝食用能够补充热量和水分的辅食。如果宝宝有发热表现但食欲仍然不错，也没有腹泻的症状时，就不要更换食物，让宝宝继续食用自己喜欢的食物也是可以的。但如果宝宝因为高热而不愿吃东西，甚至腹泻，这时补充水分就很重要了。除了母乳或配方奶外，烧开后晾凉的米汤等也要经常给宝宝喂食。而且，还要经常用温水浸湿毛巾，然后拧干擦拭宝宝的身体。

●增加高蛋白质食物的摄入量●

患上感冒后，活动量虽然会减少，但是为了和病毒做斗争，代谢量会增加，对热量的需求也会增加。而且在体内要合成大量的可以抵抗感冒病毒的免疫球蛋白，所以需要摄取充足的营养，如果吃得不好的话，就会分解宝宝肌肉中贮存的物质，只会带来体力的消耗。但是，往往患上感冒的宝宝大部分都不爱吃东西，所以高热量食物要每次少量，分多次食用，而且，为了不刺激嗓子，食物不可太烫，材料也要比平时切得更细一些。

富含蛋白质的食物包括易消化的豆腐、鲜鱼、鸡胸脯肉、牛肉、鸡蛋黄等。

●给宝宝补充充足的维生素●

维生素包括胡萝卜素、维生素B_1、维生素C等，可以提高免疫力，因此，可以根据宝宝的月龄来选择富含维生素的材料制作辅食。

富含胡萝卜素的食物：胡萝卜、红薯、菠菜、南瓜、菜花、西红柿、黄瓜、芹菜等。

富含维生素B_1的食物：糙米、大麦、土豆、蔬菜、猪肉、鲜鱼、板栗等。

富含维生素C的食物：土豆、板栗、黄瓜、卷心菜、青椒、豆芽、菠菜、萝卜、苹果、大枣、柿子、橘子等。

●针对感冒宝宝的有利食物●

食物名称	功效	
土豆	给经常易疲劳、小病不断的宝宝食用，会起到保护身体的作用。土豆中的维生素B_1和维生素C复合剂可以提高免疫力，预防感冒，消除炎症	
菜花	特别是β-胡萝卜素和维生素A含量很高，有助于增强免疫力。菜花中含有的维生素有利于胃溃疡、慢性胃炎等疾病的治疗。菜花富含维生素C、胡萝卜素以及钾、镁等人体不可或缺的营养成分，长期食用可以有效减少心脏疾病的发生概率，同时菜花也是全球公认的最佳抗癌食品，对宝宝的生长发育及免疫力的提高也有帮助。维生素C含量是柠檬的2倍，是土豆的8倍，可以提高对疾病的免疫力，而且富含钙、铁等无机元素，是增强体质的好帮手	
卷心菜	可以暖体，促进新陈代谢，通肠利胃，由于含有大量的赖氨酸和钙，所以对处于生长期的宝宝是非常好的。并且富含维生素C，也有助于预防感冒	

食物名称	功效
胡萝卜	是典型的黄绿色蔬菜，其中富含的胡萝卜素能够增强对病毒的抵抗能力
甜南瓜	可以暖腹、提高胃功能，从而促进食物的消化吸收。富含胡萝卜素，可以增强对病毒的抵抗力；富含维生素和矿物质，可以促进新陈代谢
鸡肉	肉质细腻、鲜嫩，易于消化和吸收。鸡汤中的铁成分和人体必需氨基酸对生长期的宝宝非常有利，不饱和脂肪酸还有助于预防癌症、心脏病和动脉硬化。在宝宝身体虚弱、小病不断、消化功能减弱或食欲缺乏的时候食用鸡肉最好

•感冒宝宝的饮食推荐•

木瓜茶

材料准备

木瓜浓缩液1大匙，白糖适量。

做法

1. 将木瓜洗净，剥皮后切成薄片。
2. 在玻璃瓶里将木瓜与白糖按1：1的比例调匀后，在常温下放2～3周的时间，再在冷冻室保存木瓜浓缩液。
3. 在开水里放入木瓜浓缩液冲泡即可。

葱白粥

材料准备

葱白5小段，大米粥200克，米醋5毫升。

做法

1. 在大米粥中加入葱段，继续煮粥。
2. 加入米醋5毫升，稍搅即可。

苹果酸奶

材料准备

苹果1/2个，酸奶3大匙。

做法

1. 将苹果洗净后去除皮和子，切成小块。
2. 将苹果放入榨汁机里，再放入酸奶后搅碎即可。

生姜粥

材料准备

大米粥1碗，切片的生姜15克，纸、铝纸各适量。

做法

1. 生姜用纸包6~7层后，再用铝纸包好烤成黄色。
2. 将铝纸和纸剥开后把生姜切小片。
3. 将大米粥、生姜加清水一起入锅煮开即可。

陈皮粥

材料准备

大米粥1碗，陈皮2片，白糖适量。

做法

1. 陈皮用清水洗净。

2. 锅置火上，将大米粥煮沸后加入陈皮，不时地搅动，用小火煮至粥稠，加白糖调味即可。

橘皮茶

材料准备

橘皮20克，蜂蜜适量。

做法

1. 橘皮洗净加清水200毫升，熬到水量变成原来的1/2。

2. 在橘皮水里放入蜂蜜即可。

💡 腹泻

宝宝腹泻的原因有很多种，可能是因为感冒，或是太早开始食用流食，或吃的食物太多了，也可能是食物过敏或细菌感染。如果拉得像水一样严重，或伴随着黏液的情况，必须尽早接受医生的治疗。针对婴儿腹泻的特征，预防因为腹泻而引起的脱水，通过容易消化的食物来恢复胃口。

• 准备易消化的食品 •

因为腹泻而让宝宝挨饿是不明智的选择。当症状减轻而且宝宝也想吃食物的话，可以易消化的温和的食物制作。流食中大米粥是很好的选择。当腹泻症状减退的时候可用栗子、香蕉或苹果等食物制作流食，当症状停止的时候用纤维素少的菜或豆腐、白肉海鲜等刺激性小的食品制作流食。

有利于治疗腹泻的食物：大米粥、栗子、土豆、香蕉、豆腐、海鲜、蘑菇、白菜、生姜等。

• 要防止脱水 •

不管是疾病引起的，还是经常拉很稀的便，如果宝宝持续腹泻会让体内失去过多水分。而且一天10次以上拉水状的便会引起脱水，建议多喂宝宝大麦茶或稀糊状的食物来防止脱水。

• 针对腹泻婴儿的有利食物 •

食物名称	功效	
糯米	因为比粗粮易消化，在消化功能弱或身体受凉的时候食用，可以加强体力，阻止呕吐和腹泻。但是在上火的时候吃太多反而不容易消化，所以要看情况食用	
大枣	保护五脏六腑、消除疲劳、恢复元气、强健衰弱的胃脏和消化器官。生大枣含有很多维生素C；干大枣含有大量糖脂、铁和钙，还能作为补血的药材在体内产生水分和黏液，对于提高食欲、安定神经、治疗腹泻和贫血有奇效	

食物名称	功效
土豆	有充足的钾，可以预防脱水且提高消化功能，易腹泻的婴儿可以食用
白肉海鲜	肉质温和且脂肪含量少，有蛋清的味道，而且含有很多蛋白质、维生素、各种矿物质，是补充因腹泻而损失掉的营养的好食品

• 腹泻宝宝的饮食推荐 •

栗糊膳

材料准备

栗子5个，白糖适量。

做法

1. 将栗子去壳捣烂，加清水煮成糊状。
2. 加白糖调味即可。

莲藕粥

材料准备

莲藕50克，大米饭1/2碗，白糖少许。

做法

1. 将莲藕清洗干净，切成薄片。
2. 锅置火上，将莲藕和大米饭一同下锅，加适量清水煮成粥。
3. 快熟时加入白糖即可。

胡萝卜热汤面

材料准备

面条100克，洋葱1/3个，猪肉50克，胡萝卜1/3根，高汤、植物油、盐各适量。

做法

1. 将胡萝卜、洋葱去皮，切片；猪肉切片，加盐调味。

2. 锅内倒少许油，放入胡萝卜炒香，加入高汤，煮开。

3. 加入肉片，打散开来。放入洋葱、盐调味。

4. 另起锅将面条煮好，和汤一起装入碗中即可。

姜丝鸡蛋饼

材料准备

鸡蛋黄1个，姜10克，面粉少许。

做法

1. 姜切成细丝。

2. 蛋黄、少许面粉和姜丝和在一起压成饼，上屉蒸熟即可。

胡萝卜烩豆角

材料准备

豆角200克，胡萝卜1/3根，蒜2瓣，植物油、盐、高汤各适量。

做法

1. 豆角斜切成小条；蒜切片。
2. 胡萝卜洗净，去皮，切细条。
3. 锅置火上，放入植物油，用蒜片爆香，加入豆角、胡萝卜，加盐翻炒1分钟后，加少量高汤，用中火焖5分钟即可。

牛肉南瓜粥

材料准备

大米2匙，糯米1匙，洋葱1/4个，牛肉30克，南瓜20克，香油少许，高汤适量。

做法

1. 将大米和糯米泡软、牛肉煮熟后剁碎、洋葱剁碎、南瓜碾成泥。
2. 锅置火上，将高汤、大米、糯米放在锅里熬成粥，放入牛肉、洋葱、南瓜，最后淋入香油即可。

便秘

便秘不只是指单纯的排便次数减少，还包括排便时有疼痛感、不愿排便的情况。比起母乳，喂配方奶的宝宝更容易便秘。开始食用辅食后，出现的便秘现象可能是由于水分或蔬菜类摄取不足，有时则是由于吃得太少而引起的。但是不要因为婴儿排便不畅就过分紧张，先检查一下辅食的食谱，然后再思考一下改善方法。通常，只要改变一下饮食内容就可以得到缓解。

● 供给充足的水分 ●

如果平时饮水充足，对预防和缓解症状是非常有利的，每日要饮用5杯以上的水。但是市场上销售的果汁对便秘并没有什么帮助。

● 少食用容易引起便秘的食物 ●

水果和蔬菜中有一些是可能引起便秘的食物。柿子中含有大量的丹宁酸，它可以使大便变硬。生的苹果和胡萝卜虽然没有问题，但如果煮熟后食用就有可能引起便秘。此外，牛奶、酸奶、奶油或冰激凌这样的乳制品中虽然含有大量的钙和蛋白质，却不含纤维素，所以食用过多的话，大便也会变硬，从而可能引起便秘。因此，食用量最好不要超过宝宝身体所需量（处于成长期的婴儿1日建议摄取量：以牛奶为准，约为400毫升）。

● 多食用富含纤维素的食物 ●

便秘分两种，一种是由于肠道蠕动能力下降而引起的常规性便秘，这与肠道蠕动缓慢有关，另一种是大便一块一块断裂的痉挛性便秘。如果患的是常规性便秘，则要从蔬菜和谷类中摄取大量的不溶性膳食纤维。如果患的是痉挛性便秘，最好从水果、海藻、魔芋中摄取丰富的水溶性膳食纤维。要注意的是，食用水果时不要只

饮用果汁，要把果肉磨细，或切成小块给宝宝食用，这样才能摄取到所需的纤维素，但是如果突然增加纤维素的摄取量，可能会引起腹胀，或者不断排气，所以要慢慢地进行，而且要充分摄取在食物代谢中所必需的维生素B_1。

富含不溶性膳食纤维的食物：红薯、燕麦片、菜花、豌豆、菠菜等。

富含水溶性膳食纤维的食物：苹果、海藻类、燕麦、豆类、大麦等。

富含维生素B_1的食物：芝麻、糙米、豆粉、豌豆、杂粮、西红柿等。

富含泛酸的食物：谷类、鸡蛋、蘑菇、小麦胚芽等。

• 针对便秘宝宝的有利食物 •

食物名称	功效	
红薯	红薯中富含的纤维素酶由于吸收水分的能力非常强，所以可以增加大便量，从而改善便秘的症状。切红薯时流出的白色的液体成分有助于缓解排便疼痛	
菠菜	富含皂角苷和纤维素，有助于改善便秘，并且含有大量的铁元素和叶酸，对贫血和癌症的预防也是非常有效果的。需要注意的是，制作辅食时如果煮得过久，菠菜中的维生素C、叶酸及β-胡萝卜素等会被破坏，所以煮的时间最好控制在3分钟之内	
苹果	苹果中的果胶会促进肠道蠕动，在肠壁上生成一层胶状膜，这层膜可以防止人体吸收毒性物质，从而预防便秘。苹果中的果糖和葡萄糖的消化吸收快，可以马上供给能量，所以用于消除疲劳是非常好的	
梨	梨中的消化酶较多，所以有利于消化和排便。美中不足的是，梨性寒，所以消化能力较弱，经常腹泻、呕吐，身体较凉的婴儿最好不要食用	

菠菜梨稀粥

材料准备

大米2匙，菠菜1根，梨1/3个。

做法

1. 将大米在水里浸泡一阵儿；把菠菜在热水里烫一下，磨碎；梨去皮、子磨成泥。
2. 锅置火上，在泡好的大米里加水煮成粥。
3. 粥里放入菠菜、梨，煮好后用筛子过滤一下即可。

胡萝卜煮蘑菇

材料准备

胡萝卜1/4根，蘑菇50克，黄豆30克，西蓝花35克，植物油、盐各少许，白糖1/2小匙，清汤适量。

做法

1. 胡萝卜洗净，去皮切成小块；蘑菇切块；黄豆泡透蒸熟；西蓝花掰成小块。
2. 热锅下植物油，放入胡萝卜、蘑菇翻炒数次，注入清汤，用中火煮。
3. 待胡萝卜块煮烂时，放入泡透的黄豆、西蓝花，放入盐、白糖，煮透即可。

萝卜汁

材料准备

萝卜1/4个。

做法

1. 削皮后的萝卜磨好后包在麻布里压汁。

2. 萝卜汁在喂完奶时或宝宝饭后每次有规律地喂30毫升。

蒸红薯

材料准备

红薯1个。

做法

将红薯洗净后直接放入蒸锅里蒸后剥皮压碎。

银耳橙汁

材料准备

银耳15克，橙汁100毫升。

做法

1. 将银耳洗净泡软。

2. 锅置火上，将银耳放碗内置锅中隔水蒸。

3. 在银耳中加入橙汁即可。

第三节 增强抵抗力的健康餐

宝宝的健康很大程度上取决于其身体的抵抗能力。爸爸妈妈可以通过合理的饮食安排为宝宝提供均衡的营养，从而提高宝宝的抵抗力。

营养均衡才能增强抵抗力

有没有良好的免疫能力，是决定宝宝健康与否的最大关键，而营养摄取是否均衡，则是维持免疫力的重点！

●什么营养素能增强免疫功能●

简单地说，举凡蛋白质、维生素A（及β-胡萝卜素）、B族维生素、维生素C、维生素E以及矿物质中的铁、锌、硒等，都是维护免疫功能不可或缺的营养素。摄取全谷类食品、充足的蔬菜水果、黄豆制品，适量的奶、蛋、鱼、瘦肉，即能使上述的营养摄取充足。此外，酸奶、苦瓜、大蒜、洋葱等食物，也被认为与提高免疫力有关。

脂肪（尤其是不饱和脂肪酸）、糖、酒精的摄取，会降低免疫功能，这些因素有的会增加消耗有利免疫系统的营养素，有的会减弱免疫细胞的功能，有的会抑制其他营养素的吸收，所以，聪明的妈妈要了解，油炸食品、零食、汽水、可乐等"垃圾食物"都可以列入黑名单。

●营养不良的危害●

至于宝宝常感冒，父母除了注意衣着是否保暖、卫生习惯是否良好外，更应注意孩子是否蔬菜水果吃得太少，而

小贴士

营养所扮演的角色，除了供应机体发育之外，就是适时适地地提供充足的战略物资给免疫系统。因为细菌及病毒会繁殖，如果刚侵入时无法即时消灭或控制，就会大量滋生、破坏细胞，造成生病的症状。因此如何凭借饮食提供人体防卫军的作战所需，是我们日常生活中重要的课题之一。

零食、炸鸡、可乐等速食吃得太多。

营养不良及不均衡时，整个免疫系统会衰弱，导致肺和消化道黏膜变薄、抗体减少，增加病原体入侵成功的概率。因此营养不良者不但容易感冒，也容易腹泻（这更加重了营养不良的情形），甚至血液感染（如败血症等）。

小至感冒，大至癌症，都与免疫能力有关！知道要如何帮小宝贝增加这支私人军队的战斗力及士气了吗？知道就努力去实行吧！

💡 增强宝宝抵抗力的食物

食物名称	功效
菠菜	富含维生素A、B族维生素、维生素C、维生素D、铁、钙、锰及蛋白质。维持视力，加强细胞组织的活性，增进抵抗力及预防幼儿贫血。根部红色部分含有助骨骼成长的锰，可千万别舍弃浪费
土豆	土豆中的钾含量丰富，素有"钾国王"之称，钾有保持体内盐分平衡的作用，能预防感冒，有助肝脏功能；若担心宝宝吃太咸或口味太重时，不妨让他多喝一点土豆汤。要注意土豆的凹处有无隐芽，若长芽后会产生毒素（龙葵素），食用后可引起中毒
山药	富含维生素C、维生素B_1、钾。对调节身体功能、增强体力有很大的功效。还能消炎、祛痰、止咳，对预防婴幼儿过敏、改善气管炎亦有很大帮助。挑选时要选表皮无裂痕且质量较重的
白萝卜	富含维生素A、维生素C、维生素E、钾、钙。白萝卜的根部含有许多淀粉酶，能促进淀粉的消化及养分吸收。白萝卜表皮富含的维生素C约为肉质部分的两倍，最好能洗净一起煮
南瓜	富含维生素C、维生素E、维生素A、钙。维持体内电解质平衡，维护视觉，保护上皮组织，促进骨骼发育，改善幼儿生长迟缓，提高免疫力。南瓜本身就有很重的甜味，因此无须加太多调味料

食物名称	功效
冬菇	富含维生素D、维生素B$_1$、维生素B$_2$及烟酸。促进幼儿钙质吸收，消暑解热。促进体内新陈代谢，使体内积存的废物得以顺利排除。选购时要选蘑伞表面光泽且无破损的
西红柿	富含维生素A、维生素C、维生素B$_1$、钾。促进婴幼儿钙质吸收，强化骨骼，抗维生素C缺乏病，保护皮肤健康，防治小儿佝偻病、夜盲症等
莲藕	富含维生素C、维生素B$_1$、钾。莲藕中的维生素C，相当于柠檬的2/3。切莲藕时拉出的丝是一种叫黏蛋白的糖蛋白质，其有滋补养身的作用！宝宝发热口干时可连皮加水一起打成汁，有止渴作用
苹果	富含维生素A、B族维生素、维生素C、钾。有"果中之王"的美称，能促进新陈代谢，调节生理功能，是天然的止泻剂，可有效调理婴幼儿的肠胃。太新鲜的苹果易有涩味，买回后不妨放几天再吃
葡萄	富含维生素C、铁、镁。维生素C和铁，有助健胃整肠、排除毒素，补充铁元素有预防贫血、增强体力的效果。婴幼儿吃葡萄时，要特别注意，别误吞入葡萄子
香蕉	富含维生素A、B族维生素、维生素C、维生素E、维生素P、钾、镁、钙、磷。可刺激胃肠蠕动，畅通排泄，含多种维生素和矿物质及纤维，适合宝宝食用，协助排气和缓解积滞，改善便秘现象。宝宝感冒发热时可多吃香蕉，有助解热退热
梨	富含维生素B$_1$、维生素B$_2$、维生素C、烟酸。改善小儿心肺火盛所致的久咳多痰、声音沙哑、烦躁不安、食欲缺乏

食物名称	功效	
草莓	富含B族维生素、维生素C、磷、铁、钙。提供的维生素C等，有助于保护结缔组织、体质和血管健康，增进食欲。草莓上的农药较多，食用前要用大量冷水冲洗及盐水浸泡	
西瓜	富含维生素A、维生素C、钾。具利尿功能，促进新陈代谢。西瓜皮下的白色部分营养成分高，千万别跟皮一起丢掉	
鸡蛋	富含维生素A、维生素B_2、维生素D、铁。提供完全、优质的蛋白质，含有大量卵磷脂，与脑智力发育有相当大的关系。不喜欢吃蛋黄的宝宝，最好用蒸蛋的方式食用	
牛肉	富含维生素B_1、维生素B_2、维生素C及蛋白质。含完全蛋白质，提供人体所需的氨基酸、铁元素，利于婴幼儿吸收，滋养脾胃，强健筋骨。煮牛肉时要注意其软硬度及大小，体积太大会太硬，宝宝会嚼不动的	
虾	富含维生素D。强化婴幼儿之筋骨，健胃补肠，提供丰富的蛋白质、维生素及矿物质等，并促进牙齿及骨骼健全，增强对疾病的抵抗力。虾的新鲜度很重要，最好买活虾	
猪肉	富含维生素B_1、维生素B_2、钙、磷、铁。为婴幼儿钙质的主要来源之一，与身体各种细胞及器官组织的健康有密不可分的关系。猪排骨煮汤可补充宝宝需要的钙质	
鳕鱼	富含维生素A、维生素B_2、维生素D、钙，含有丰富油脂、蛋白质，有利于宝宝吸收，增强抵抗力。清蒸鳕鱼最适合成长中的宝宝食用	

续表

食物名称	功效	
海带	富含维生素B$_1$、维生素B$_2$、钾、钙。促进幼儿甲状腺功能健全，促进人体新陈代谢，增强抵抗力。挑海带时要选叶片厚实有弹性的	
奶酪	富含维生素A、维生素B$_2$、钙、蛋白质。含多种矿物质及蛋白质、脂肪等重要营养素，提供婴幼儿成长、调节新陈代谢的必要成分，含牛奶鲜活的营养，预防骨质疏松，强化婴幼儿钙质吸收。可到超市买卡通模型做成的奶酪给宝宝吃	
红豆	富含维生素A、B族维生素、维生素C。含丰富的维生素，满足幼儿成长发育所需。冬天可煮红豆稀饭给宝宝当正餐食用	
绿豆	富含维生素B$_1$、磷、铁、钾。促进心脏活动功能，有婴幼儿成长所需的氨基酸、蛋白质。选购绿豆时要选色泽鲜亮皮薄的	

增强抵抗力的饮食推荐

白糖豆浆

材料准备

黄豆100克，白糖50克。

做法

1. 将黄豆洗干净，浸泡4~7小时，捞出后放入豆浆机中榨成汁。
2. 将制好的豆浆倒入碗中，加入白糖，稍煮一会儿即可。

菜香煎饼

材料准备

油菜30克，胡萝卜15克，低筋面粉20克，鸡蛋1个，植物油2小匙，盐少许。

做法

1. 将油菜洗净后切丝；胡萝卜洗净后去皮切丝。
2. 将低筋面粉加入蛋清及少量的水中，搅拌均匀，再放入油菜丝及胡萝卜丝搅拌一下。
3. 油倒入锅中烧热，再倒入蔬菜面糊煎至熟，加入少许盐即可。

桂圆大枣鸡汤

材料准备

桂圆25克，大枣8~10颗，鸡肉块少许。

做法

1. 大枣洗净，以清水泡开。
2. 鸡块汆烫后捞起，将油腻略洗一下。
3. 把大枣、桂圆及鸡肉块放入炖锅内，加水，先以大火煮开后，转小火将肉炖烂即可。

糖拌梨丝

材料准备

梨30克，白糖5克，醋8克。

做法

1. 将梨去皮、核，洗净，切成丝，放入凉开水中泡一会儿，捞出后控净水。
2. 将梨丝装入盘内，放入白糖、醋拌匀即可。

丝瓜冬菇汤

材料准备

丝瓜100克，冬菇80克，葱、姜、盐各适量，植物油少许。

做法

1. 将丝瓜洗净，去皮，切开，去瓤，再切成小段。
2. 冬菇用凉水泡发，洗净。
3. 加入植物油热锅，放入冬菇略炒几下，加清水煮5分钟左右，再放入丝瓜煮一会儿，加葱、姜、盐调味即可。

第四节 促进大脑发育的健康餐

辅食时期是宝宝大脑发育非常迅速的阶段，爸爸妈妈可以通过合理的饮食习惯帮助促进宝宝的大脑发育。

辅食期开发大脑应该怎么做

大脑在出生后一年内发育得最快。辅食时期是宝宝大脑发育非常重要的阶段。但是，并不是只有特定的辅食才会有助于大脑的发育。

这一时期，最重要的是均衡的饮食，如何食用也是非常重要的，并且，食用辅食本身就有着一种刺激大脑、促进脑细胞活动的作用。

●让宝宝品尝多种味道●

对于那些一直食用母乳或配方奶的宝宝来说，每一种辅食都是一种新鲜的体验。稍微有些不同的味道、香气和质感都会通过宝宝的记忆力影响感觉器官的发育。

将苹果的味道和颜色联系起来；虽然同样柔软，但通过甜味的差异可以使宝宝记住如何区分土豆和红薯。看、触、嗅、尝的过程中，宝宝的认知能力和记忆力也都在快速发展，因此使用的材料种类越多，相应的大脑的刺激要素也就越多。

●让宝宝可以随时抓到食物●

辅食一定要盛在小匙里食用，用小匙吃辅食时，宝宝可以在用舌头聚集、碾碎食物的过程中吞咽食物。像这样，舌头运动得越多，大脑发育也会越快，而且宝宝在出生8个月后就可以自己拿小匙了，所以要让宝宝经常使用小匙。虽然不熟练，但是通过向食物伸手、往小匙里盛放食物、放到嘴里这样的过程就能够促进大脑的发育。

●让宝宝可以充分咀嚼●

不建议食用鲜食制品或市面上销售的成品辅食的原因之一就在于咀嚼问题。毕竟宝宝牙齿还没有完全长齐，虽然只能用舌头或腭部抿碎，用门牙来咀嚼，但这样的咀嚼练习对大脑的发育有非常重要的刺激作用。

●一定要给宝宝吃早餐●

早餐是为一天的活动提供必需营养素的重要能量来源。比起其他因素，只要吃了早餐，一整天都会精力充沛。毕竟是培养良好饮食习惯的时期，所以，即使简单，也一定要给宝宝吃早餐。

💡 促进宝宝大脑发育的食物

食物名称	功效	
燕麦	就是指粗麦。它不但有助于消化，而且由于富含铁元素，还可以激活神经传递，促进大脑活动	
黄豆	植物蛋白中属它第一。特别是富含其他谷类中没有的人体必需氨基酸和赖氨酸，所以可以说是成长期婴幼儿的必需食物	
冬菇	晒干后的冬菇要比生的冬菇味道更好，维生素D的含量也更多。维生素D可以提高钙的吸收率，钙元素有利于安定大脑	
芝麻	芝麻中富含的卵磷脂可以激活大脑神经的活动，从而提高记忆力。而且，富含脑神经细胞的主成分氨基酸以及安定脑神经的维生素B_1、维生素E和钙元素，这些都是促进脑发育和活动的非常好的食物	

食物名称	功效
核桃	核桃中富含不饱和脂肪酸以及维生素、蛋白质、钙、铁元素，这些都是健脑的典型食物。而且核桃中的脂肪对于婴幼儿的生长以及大脑发育是非常好的
金枪鱼	金枪鱼中的不饱和脂肪酸DHA，对于生长期的婴儿的大脑发育是非常有好处的
黑木耳	黑木耳可以使记忆力和思考力得到显著提升。喜欢吃肉、汉堡等食物的宝宝应该多吃黑木耳

🔆 促进大脑发育的饮食推荐

蒸肉豆腐

材料准备

豆腐1/2块，鸡胸脯肉20克，葱末10克，鸡蛋1个，香油、酱油各少许，淀粉5克。

做法

1. 将豆腐洗净，放入锅中略焯一下，沥干水分，用匙背压碎成泥。

2. 滴入一滴香油涂在盘中，将豆腐泥摊入盘中。

3. 将鸡胸脯肉洗净，切碎成泥，放入碗中，加入葱末、鸡蛋、酱油及淀粉，调至均匀，再摊在豆腐上，用火蒸10分钟左右即可。

银锭包金

材料准备

香蕉1根，鸡蛋1个，盐、植物油各少许。

做法

1. 将鸡蛋打散，放盐少许；香蕉切小块。
2. 锅置火上，锅内放植物油烧至温热，香蕉块裹上鸡蛋液放入油锅略炸即可。

龙眼枸杞米粥

材料准备

龙眼肉、枸杞子各15克，小米、大米各50克。

做法

1. 将龙眼肉、枸杞子、小米、大米分别洗净，一同放入锅里，加清水用大火煮沸。
2. 改小火煨煮，至粥烂汤稠即可。

花生骨汤饭

材料准备

大米30克，花生排骨汤200毫升。

做法

1. 大米洗净，加入清水浸泡1小时。
2. 把花生排骨汤放入小煲锅内煲滚，将大米放到锅内，再煲滚，小火煲成软饭即可。

菠萝炒牛肉

材料准备

牛肉100克，菠萝1/4个，盐、白糖、淀粉、生姜粉、生抽、蚝油各少许，植物油2小匙。

做法

1. 将牛肉切成小片，加少许生抽、盐、白糖、生姜粉、淀粉抓匀，腌制15分钟，再加入植物油拌匀。
2. 将菠萝去皮，去掉硬心，切成小块，用淡盐水浸泡几分钟后，取出沥干水分。
3. 锅置火上，放1匙植物油，将腌好的牛肉倒入，快速划散，加入蚝油，炒至六成熟时，再加入菠萝块，快炒几下即可。

美味鲤鱼

材料准备

鲤鱼1条，黄豆芽50克，冬菇2朵，葱段、姜片、酱油、盐、水淀粉各少许，植物油适量。

做法

1. 将鲤鱼去鳞、鳃、内脏洗净，两面剁上十字花刀，锅内加入植物油烧至七成热，放入鲤鱼炸至略硬捞出。
2. 炒锅内加入植物油，下葱段、姜片炝香，加入清水烧开，放入炸好的鲤鱼略烧。
3. 加入冬菇、黄豆芽，用酱油、盐烧至熟透入味，用水淀粉勾芡即可。

第五节 促进长高的营养餐

　　富含丰富蛋白质、矿物质和维生素等营养物质的食物都有利于促进宝宝长个，爸爸妈妈可以适当了解。

◎ 有利于长高的营养成分

　　想要宝宝长高，就得选择高蛋白的食物，比如瘦肉、鸡蛋、牛奶、鱼类、黄豆等。构成骨骼架构的最基本的元素是钙、镁、磷等矿物质，因此补充牛奶、鱼类等富含充足矿物质的食物就显得尤为重要。

　　如果不是宝宝本身的体重已经超过了标准的25%，达到了肥胖的程度，那么便不需要限制宝宝进食脂肪类的食物。当然也不应该不加节制地进食那些高脂肪、高热量的食物。

　　世界上并没有一种能完美地帮助人类长高的食物，但我们的生活当中的确存在着不少能够帮助身体发育、宝宝长高的食品。比如瘦肉、鱼类、蛋类、牛奶、豆制品、动物内脏，以及新鲜蔬菜、水果等。它们都含有丰富的蛋白质、矿物质、维生素等，有利于宝宝身高的增长。

小贴士

　　1.宝宝平时要少喝果汁、可乐等糖类较多的饮品，因为过多糖类会阻碍钙质的吸收，从而影响骨骼的发育。

　　2.盐也是长高的禁忌。平时就要养成少吃盐的习惯。

　　3.注意加工食品的方式，摄入较多高磷类食品会导致宝宝体内钙、镁等矿物质的流失，影响到身体钙的吸收以及骨骼的发育。

促进宝宝长高的食物

食物名称	功效	
牛奶	牛奶中含丰富的钙，而且很容易被成长期的宝宝吸收。虽然喝牛奶未必一定长高，但是缺乏钙则是一定长不高的。所以多喝牛奶是很有益处的。每天喝3杯牛奶就能够摄取到成长期所需要的钙	
鸡蛋	鸡蛋是最容易购买到的高蛋白食物。不少宝宝都愿意吃鸡蛋，特别是蛋清富含蛋白质，有助于宝宝的生长。有些家长担心蛋黄里的胆固醇会对宝宝不利，但每天吃1~2个鸡蛋对于成长期的宝宝来说是完全不要紧的	
黑豆	公认的高蛋白食品首推黄豆，尤其是黑豆中含量更高，是有助于成长的尚佳食品。加到米饭里或者直接磨成豆浆食用均可	
菠菜	富含钙和铁。不少宝宝并不喜欢吃菠菜，所以不要凉拌给宝宝吃，最好切成丝炒饭或者加在紫菜包饭里喂	
橘子	富含维生素C，能帮助钙的吸收。但橘子一般是秋冬应季的水果，所以在其他季节可以选择草莓、菠萝、葡萄、猕猴桃等应季水果。这样可以持续地补充维生素	
胡萝卜	富含维生素A，能帮助合成蛋白质。可以把胡萝卜做成各种菜肴，也可以榨汁喝，榨汁时可加入苹果以中和胡萝卜的味道。另外可以把胡萝卜切成丝然后炒鸡肉、牛肉等，既能调味，营养也会更加丰富	
沙丁鱼	沙丁鱼里所含的钙远比其他海藻类食物中含的钙要容易被人体消化吸收，所以适合喂食宝宝	

促进宝宝长高的饮食推荐

小西红柿炒鸡丁

材料准备

鸡肉100克，小西红柿40克，黄瓜50克，白糖1小匙，蒜1瓣，盐1/2小匙，植物油2大匙，水淀粉10克，咖喱粉适量。

做法

1. 将小西红柿及黄瓜洗干净沥干，黄瓜切成块。
2. 鸡肉洗干净，切丁。
3. 鸡丁内加适量盐、植物油、水淀粉、白糖搅拌均匀，将鸡丁腌10分钟。
4. 锅内倒入植物油，烧至八成热，将鸡肉丁略炒半熟，放入蒜爆香。
5. 将咖喱粉放入炒匀，放入小西红柿、黄瓜片、白糖、盐等一起翻炒，炒至肉熟即可。

羊排粉丝汤

材料准备

羊排200克，干粉丝50克，葱、姜、蒜蓉、醋、香菜、植物油各适量。

做法

1. 将羊排洗涤整理干净，切块；葱切末，姜切丝；香菜择洗干净，切小段。
2. 锅置火上，放入植物油烧热，放入蒜蓉爆香，倒入羊排煸炒至干，加醋少许。
3. 随后加入适量清水及姜丝、葱末，用大火煮沸后，撇去浮沫。
4. 改小火焖煮两小时，加入用开水浸泡后的粉丝，撒上香菜，再次煮沸即可。